Berichte des Ausschusses für Versuche im Eisenbau.

Herausgegeben vom
Verein deutscher Brücken- und Eisenbau-Fabriken (Deutscher Eisenbauverband).

Zur Einführung.

In den „Berichten über Versuche im Eisenbau" will der Verein deutscher Brücken- und Eisenbau-Fabriken (künftig Deutscher Eisenbauverband) die Ergebnisse der für ihn im Kgl. Materialprüfungsamt in Berlin-Lichterfelde ausgeführten und künftig noch in größerem Umfange auszuführenden Versuche auf dem Gebiete des gesamten Eisenbaues der Öffentlichkeit bekanntgeben.

Die Veröffentlichungen geschehen im Namen des „Ausschusses für Versuche im Eisenbau", der auch die Versuche selbst beschließt und überwacht. Es erscheinen zwei Arten von Berichten, die je in sich fortlaufend numeriert werden:

1. **Hefte A**, in denen die Anordnung, die Durchführung und die unmittelbaren zahlenmäßigen Ergebnisse der Versuche besprochen und mitgeteilt werden.
2. **Hefte B**, die die weitere Bearbeitung und Auswertung der Versuchsergebnisse sowie die daraus zu ziehenden Folgerungen und etwaige Bauregeln für die Praxis enthalten.

Dem verschiedenen Inhalte der beiden Arten von Heften wird auch ein verschiedenes Format entsprechen, das für die Hefte B eine besondere Handlichkeit anstrebt.

Bisher sind erschienen:

Ausgabe A, Heft 1:

Der Einfluß der Nietlöcher auf die Längenänderung von Zugstäben und die Spannungsverteilung in ihnen.

Nach Versuchen im Königlichen Materialprüfungsamt zu Berlin-Lichterfelde

Berichterstatter:

Geh. Regierungsrat Professor **Max Rudeloff.**

Mit 30 Textfiguren. IV u. 65 Seiten, 4°. Preis M. 3.60.

Ausgabe B, Heft 1:

Zur Einführung — Bisherige Versuche.

Berichterstatter:

Reg.-Baumeister a. D. Dr.-Ing. **F. Kögler.**

Mit 26 Figuren. IV u. 56 Seiten, 8°. Preis M. 1.60.

Verein deutscher Brücken- und Eisenbau-Fabriken
(Deutscher Eisenbauverband)

Berichte des Ausschusses
für
Versuche im Eisenbau

Ausgabe B

Heft 1

Zur Einführung — Bisherige Versuche

Berichterstatter:
Reg.-Baumeister a. D. Dr.-Ing. Kögler

Mit 26 Abbildungen

Berlin
Verlag von Julius Springer
1915

Ausschuß für Versuche im Eisenbau:

ISBN 978-3-642-93770-5 ISBN 978-3-642-94170-2 (eBook)
DOI 10.1007/978-3-642-94170-2

Inhaltsverzeichnis.

A. Zur Einführung.

In den „Berichten über Versuche im Eisenbau", von denen hiermit das erste Heft erscheint, will der Verein deutscher Brücken- und Eisenbau-Fabriken (künftig Deutscher Eisenbau-Verband, im folgenden kurz Verein genannt) die Ergebnisse der für ihn im Kgl. Materialprüfungsamt in Berlin-Lichterfelde ausgeführten und künftig noch in größerem Umfange auszuführenden Versuche auf dem Gebiete des gesamten Eisenbaues der Öffentlichkeit bekanntgeben.

Die Herausgabe einzelner, wenn auch nur gelegentlich erscheinender Hefte bietet gegenüber der bisherigen Veröffentlichung in Fachzeitschriften den großen Vorteil, daß die Ergebnisse in handlicher Form erscheinen und daß jedes Heft durch den Buchhandel leicht und schnell zu haben ist, so daß die Übersicht über das bisher schon Geleistete und Gefundene und das Wiederauffinden einzelner Versuche und Ergebnisse nach Möglichkeit erleichtert wird.

Die Veröffentlichungen geschehen im Namen des auf S. II genannten „Ausschusses für Versuche im Eisenbau", der auch, wie auf S. 5 näher ausgeführt, die Versuche selbst beschließt und überwacht. Es erscheinen zwei Arten von Berichten, die je in sich fortlaufend numeriert werden:

1. Hefte A, in denen die Anordnung, die Durchführung und die unmittelbaren zahlenmäßigen Ergebnisse der Versuche besprochen und mitgeteilt werden (Bearbeiter: die Herren des Materialprüfungsamtes, in dem die Versuche durchgeführt werden).

2. Hefte B, die die weitere Bearbeitung und Auswertung der Versuchsergebnisse, sowie die daraus zu ziehenden Folgerungen und etwaige Bauregeln für die Praxis enthalten (Bearbeiter: die Herren des Versuchsausschusses oder der Praxis).

Diese Zweiteilung ist notwendig, um die unmittelbaren Ergebnisse der Versuche sofort nach deren Abschluß der Öffentlichkeit zugänglich zu machen, um ihre Bekanntgabe nicht durch die Auswertung für die Praxis zu lange aufzuhalten und um andererseits für diese Arbeiten die erforderliche Zeit und Muße zu gewinnen; außerdem deshalb, weil für die Hefte A und B verschiedene Bearbeiter in Frage kommen. Dem verschiedenen Inhalte der beiden Arten von Heften wird auch ein verschiedenes Format entsprechen, das für die Hefte B eine besondere Handlichkeit anstrebt.

Das vorliegende erste Heft, das hauptsächlich für die Praxis bestimmt und deshalb der Reihe B zugeteilt worden ist, bringt eine Übersicht über das, was der Verein und der Versuchsausschuß auf dem Gebiete des Versuchswesens im Eisenbau schon geleistet haben, und über die für die Praxis wichtigen Ergebnisse der bisherigen Versuche; ferner über das, was der Verein in der Frage der Vereinfachung der Nietform, der Beschränkung der Zahl der Nietdurchmesser und der einheitlichen Bezeichnung der Niete erreicht hat, und endlich das Programm für die zunächst weiter in Aussicht genommenen Versuche. Als Unterlage für diese Zusammenstellung dienten die bisherigen Veröffentlichungen über die genannten Fragen; die Quellen sind überall angeführt. Zum Teil sind eigne Bemerkungen und Berechnungen des Verfassers zugefügt, auch allgemeine Folgerungen und Schlüsse gezogen, soweit das auf Grund der vorliegenden Versuchsergebnisse möglich war.

Es mag sonderbar erscheinen, daß der Verein die Reihe seiner Veröffentlichungen gerade jetzt, im Kriegsjahre, beginnt, wo doch die Beachtung solcher wissenschaftlicher Arbeiten nur sehr geteilt sein kann. Zurzeit liegen aber schon eine ganze Reihe von Arbeiten druckfertig vor, und eine weitere Verzögerung in der Veröffentlichung schien mit Rücksicht auf im Gange befindliche ähnliche Arbeiten nicht wünschenswert.

Mögen die im Kriegsjahr begonnenen Veröffentlichungen des Vereins das Ihrige dazu beitragen, auch auf unserem Arbeitsgebiete die so wichtige Klarheit und Geschlossenheit der Ansichten zu schaffen und zu fördern; mögen sie der Wissenschaft und der Praxis neue Anregung geben zu theoretischen und praktischen Untersuchungen über die noch nicht genügend geklärten Fragen im Eisenbau, und mögen sie auf diese Weise mitarbeiten an der Erreichung des höchsten Zieles aller wissenschaftlichen Arbeit, an der Förderung der Erkenntnis im deutschen Eisenbau und damit im deutschen Bauwesen überhaupt.

B. Einleitung.

Das Eisen ist von allen Baustoffen derjenige, dessen Eigenschaften am genauesten erforscht und bekannt sind, der in der größten Gleichmäßigkeit geliefert wird, der die größte Festigkeit aufweist und auf den man stets zurückgreift, wenn andere Baustoffe versagen. Eines Beweises und der Beispiele hierfür bedarf es nicht. So sind denn auch die Eisenbauten diejenigen, die die klarste und übersichtlichste Bauweise ergeben und die sich dank dieser Übersichtlichkeit und dank der vorzüglichen Eigenschaften des Baustoffes am schärfsten berechnen lassen. Es steht außer allem Zweifel, daß die Baustatik ihren hohen Stand in der Beschäftigung mit und in der Bearbeitung von Eisenbauten erreicht hat. Viele Rechnungsverfahren sind ja direkt auf Eisen zugeschnitten. Hand in Hand mit dem besseren Rechnen geht stets ein besseres Entwerfen; das Streben nach klarer, übersichtlicher Kräfteübertragung kann beim Rechnen und beim Konstruieren nirgends so gut verwirklicht werden, und bei keinem anderen Baustoffe kann die bauliche Durchbildung, die Ausführung in der Werkstatt und das Zusammenbauen auf der Baustelle sich den von der Theorie gestellten Bedingungen und der erstrebten Klarheit so gut anpassen, wie beim Eisen.

Wenn man somit auch sagen kann, daß man es im Eisenbau, was das Zusammenarbeiten und die Übereinstimmung zwischen Theorie und Ausführung anlangt, mit einem sehr hohen, vielleicht sogar dem am höchsten entwickelten Sondergebiet des Ingenieurbaufaches zu tun hat, so ist doch durchaus nicht zu verkennen, daß es auch hier noch so manche Fragen gibt, die sich zurzeit noch nicht einwandfrei beantworten lassen.

Die Erfahrung und das praktische Gefühl behalten nach wie vor trotz aller Berechnungen einen großen Spielraum im Eisenbau. Das führt häufig zu unwirtschaftlichen Baustoff- und Arbeitsaufwendungen, anderseits aber auch — bei übertriebener Sparsamkeit — zu einer ungenügenden Sicherheit der Eisenbauwerke. Gerade der erfahrenste und gewissenhafteste Konstrukteur stößt bei schwierigen Arbeiten sehr häufig auf Zweifel, für deren Behebung ihn Rechnung und Erfahrung im Stich lassen. Die Aufgaben, die dem Ingenieur im Brücken- und allgemeinen Eisenbau gestellt werden, sind beständig im Wachsen, und ihre Lösung wird immer schwieriger. Viele Fragen nach Wirkung und Verteilung der Kräfte im Inneren der Eisenkonstruktionen können nicht durch reine Überlegung, sondern nur durch umfangreiche Versuche entschieden werden, deren Ausführung die Mittel und die Kräfte eines einzelnen übersteigt. Die bisher zur Verfügung stehenden Versuchseinrichtungen haben nicht genügt, um völlige Klarheit darüber zu geben, ob die gebräuchlichen Voraussetzungen zutreffen und von genügender Genauigkeit sind. Verschiedene Unglücksfälle, die durch die technische Literatur bekannt geworden sind, haben bis in die neueste Zeit hinein gezeigt, wie wenig Übereinstimmung unter den Fachleuten herrscht, wenn man den Gründen der Unglücksfälle nachgeht.

Hierher gehören unter vielen anderen die Fragen nach der Kräfteverteilung in Stabanschlüssen und Stoßdeckungen, ferner nach den Verschwächungen durch Nietlöcher und der notwendigen Vergitterung von Druckstäben usw. Zur Klärung dieser und vieler anderer Fragen bleibt nur der Weg des Versuches offen, und dieser Weg ist auch schon oft beschritten worden. Meist handelt es sich dabei aber nur um einzelne, eng begrenzte, brennende Fragen. Für planmäßige Versuche in großem Maßstabe fehlte es bisher den meisten an Zeit und Geld.

Die in früheren Jahren ausgeführten Versuche, die für unsre heutigen Konstruktions- und Arbeitsweisen grundlegend sind, haben zum Teil deshalb nur noch eine bedingte Gültigkeit, weil statt des früher allgemein gebräuchlichen Schweißeisens heute für die Bauteile wie auch für die Niete durchweg das ganz anders geartete Flußeisen verwendet wird.

Von **älteren Versuchen** (vor 1900) seien kurz aufgeführt:

1. Die Versuche über die Nietkopfformen, angestellt beim Bau der alten Weichselbrücke in Dirschau;

2. Versuche über die Festigkeit von Nietverbindungen von Zimmermann 1878; von Böhme technische Versuchsanstalten Berlin 1883; von Kennedy 1885; von der Société de Sclessin 1886; von Considère 1886; von Engesser 1889; von Tetmajer 1886 und 1889; von Dupuy 1895.

3. Versuche über den Gleitwiderstand von Nietverbindungen und über die Zugspannungen im geschlagenen Niet von Bach 1892, 1894 und 1895; von Schröder van der Kolk 1897.

4. Versuche über Rollen- und Kugellager von Hertz, Weyrauch, Winkler u. a.

5. Versuche über die Bruchfestigkeit großer Brückenquerträger, ausgeführt für die holländischen Staatsbehörden von der Gesellschaft Harkort in Duisburg.

6. Versuche über den Einfluß der Gestalt der Probestäbe auf deren Festigkeit von Bauschinger 1892; von Martens 1896.

7. Versuche über die Arbeitsfestigkeit und verwandte Fragen von Wöhler 1860—1870; von Bauschinger 1886—1893; von Gerber 1874, 1894 und 1896.

8. Versuche über die Knickfestigkeit einfacher und gegliederter Stäbe von Winkler 1878; von Bauschinger 1887; von Strobel 1888; von Föppl 1897 und 1900; von Tetmajer 1886—1900.

Der **Verein deutscher Brücken- und Eisenbau-Fabriken** hat es sich nun zur Aufgabe gesetzt, planmäßige Versuche auf dem Gebiete des Eisenbaues in erschöpfender Weise vorzunehmen und dabei nach Möglichkeit alle Fragen zu behandeln, die einer Klärung bedürfen. Es gelang ihm, für diese seine Versuche das Interesse und die Mitarbeit von Behörden, anderen Vereinen und Stiftungen und von Herren der Wissenschaft zu gewinnen, um die Durchführung und Auswertung der Versuchsarbeiten so nutzbringend als möglich zu gestalten und um den Ergebnissen auch die notwendige allgemeine Beachtung und Einführung zu sichern.

Auf Anregung des Vereins trat ein **Versuchsausschuß** zusammen, in den Mitarbeiter entsandt worden sind von den Preußischen Ministerien der öffentlichen Arbeiten und der geistlichen und Unterrichtsangelegenheiten, vom Reichsmarineamt, von der Jubiläumsstiftung der Deutschen Industrie, vom Verein Deutscher Ingenieure und vom Stahlwerks-Verbande. Die derzeitigen und früheren Mitglieder des Versuchsausschusses sind auf S. II genannt; der Versuchsausschuß setzt den Arbeitsplan für die Versuche fest, beschließt und überwacht ihre Durchführung; in seinem Namen werden die Berichte über die Versuche und ihre Ergebnisse herausgegeben. Mit der Vorbereitung der Versuche ist der Verfasser betraut.

In dankenswerter Weise unterstützen das Streben des Vereins deutscher Brücken- und Eisenbau-Fabriken durch Hergabe zum Teil sehr bedeutender Geldmittel der Preußische Staat, die Jubiläumsstiftung der Deutschen Industrie, der Verein Deutscher Ingenieure und der Stahlwerks-Verband; eine weitere Beihilfe gewährt das Ministerium der geistlichen und Unterrichtsangelegenheiten dadurch, daß für die vom Kgl. Materialprüfungsamt ausgeführten Arbeiten nur die Selbstkosten berechnet werden.

Die erste Aufgabe des Versuchsausschusses bestand in der Festlegung eines **Arbeitsplanes**[1]). Hierbei waren die früheren Versuche möglichst dahingehend zu berücksichtigen, daß unnötige Wiederholungen vermieden werden. Ferner sollten die Fragen, die in einfacher Weise und mit verhältnismäßig geringen Kosten beantwortet werden können, und die klärend und vereinfachend auf die weiteren Versuche wirken, zuerst als Vorversuche in Angriff genommen werden.

Die **Vorversuche** erstrecken sich auf die Festlegung

1. des Einflusses der verschiedenen Nietverfahren (Handnietung, Preßluftnietung mit Hammer und mit Kniehebelpresse),

2. des Wertes oder Unwertes des kleinen kegelförmigen Ansatzes unter dem Nietkopfe, des sog. kleinen Versenkes,

3. des Einflusses der Oberflächenbeschaffenheit der zusammengenieteten Eisenteile auf den Gleitwiderstand.

Diese Vorversuche sind abgeschlossen. Die Ergebnisse sind in diesem Hefte auszugsweise wiedergegeben; vgl. die Abschnitte D, I, 1 und 2.

Der vom Ausschuß aufgestellte **Arbeitsplan** umfaßt weiterhin:

1. Versuche mit Konstruktionselementen:
   a) über den Gleitwiderstand von Nietverbindungen bei verschiedenartiger Anordnung der Nietbilder;
   b) über die Querschnittschwächung bei verschiedener Nietteilung;
   c) über das Abbiegen von Winkelschenkeln (z. B. bei Längs- und Querträgeranschlüssen);
2. Versuche mit ganzen Bauteilen des Eisenbaues:
   a) Anschlüsse steifer Stäbe unter Berücksichtigung des exzentrischen Kraftangriffes;

---

[1]) Mitgeteilt in Z. Ver. deutsch. Ing. 190), S. 37.

b) Stoßdeckungen von Flacheisen und steifen Stäben;
c) Knickfestigkeit von Druckstäben bei verschiedenartiger Anordnung der Bindungen und der Vergitterung;
d) Seitensteifigkeit der oberen Gurtung von oben offenen Brücken sowie von Kranträgern;
e) Seitensteifigkeit der Ecken an Portalrahmen;

3. Versuche über die zweckmäßigste Ausbildung von Querträgern;
4. Versuche über den Einfluß des Winddruckes auf gegliederte Eisenbauwerke, sowie über den Wert und die Haltbarkeit von Farbanstrichen an Eisenbauten.

Die Versuche unter 1a und b sind schon durchgeführt und ihre Ergebnisse in diesem Hefte gleichfalls mit aufgenommen; vgl. die Abschnitte D, I, 3 und 4. Zu den Versuchen unter 2b sind schon eine Reihe von Vorversuchen durchgeführt, über die unter D, III auf S. 50 berichtet ist. Die sämtlichen bisher ausgeführten Versuche haben im Kgl. Materialprüfungsamt in Berlin-Lichterfelde stattgefunden.

Der unter 2c genannte Teil des Arbeitsplanes dürfte als der umfangreichste und zugleich auch wichtigste Teil zu bezeichnen sein, umfaßt er doch das ganze Gebiet der **Knickfestigkeit einfacher und gegliederter Stäbe** überhaupt. Wenn auch schon eine große Zahl von einzelnen hierauf bezüglichen Versuchen ausgeführt sind, so fehlt es doch noch an planmäßigen Versuchsreihen, vor allem für gegliederte Stäbe, um alle die rechnerisch nicht zu lösenden Fragen beantworten zu können.

Als Vorbereitung für die Untersuchung gegliederter Stäbe hat der Ausschuß die Durchführung von Knickversuchen zunächst mit einfachen Stäben beschlossen (Winkel-, U- und T-Eisen usw.), gemäß dem Programmvorschlage des Verfassers.

Diese grundlegende Versuchsreihe gibt Gelegenheit, das Verhalten der unter einer Knicklast ausbiegenden und ausknickenden Stäbe nochmals von Grund auf zu studieren; die Ergebnisse werden ferner gestatten, auch die sämtlichen andern Fragen, die in der Knicktheorie des ungegliederten Stabes noch der Lösung harren, zu beantworten.

Zunächst würde zur Frage der Gültigkeit der Tetmajerschen Formeln neues Material geliefert werden und zu der anderen

Frage, ob die Ausdehnung der Gültigkeit der Eulerschen Gleichung über die Proportionalitätsgrenze hinaus zulässig ist, und welche Dehnungszahlen dafür ev. in Frage kämen. Die vorgeschlagenen Versuchsreihen würden bei ihrer Umfänglichkeit voraussichtlich auch Aufschluß darüber geben können, welcher Sicherheitsgrad bei der Bemessung auf Knickung beanspruchter Stäbe zu wählen ist und ob man dabei von der Bruchlast oder von der Knickspannung auszugehen hat. Eine weitere, durchaus noch nicht geklärte Frage ist die, welchen Einfluß die Querschnittsform eines Stabes auf seine Tragfähigkeit hat (nicht nur gegen Knicken, sondern auch gegen Biegung). Diese Frage ist schon von Tetmajer, Föppl und Karman erörtert; genaue Anhaltspunkte liegen aber noch nicht vor. Da die in Aussicht genommenen Versuche sich auf alle im Eisenbau verwendeten Walzprofile erstrecken sollen, so werden sie auch über die vorstehende Frage das notwendige Material liefern.

Aus allen bisherigen Veröffentlichungen über Knickversuche geht unzweifelhaft hervor, daß die genaue zentrische Belastung eines Stabes auf Druck außerordentlich schwer zu verwirklichen ist, daß sie bei rein theoretischen Laboratoriumsversuchen wohl erreicht werden kann, in der Praxis aber kaum jemals genau vorhanden ist.

Sei es nun, daß die Art des Anschlusses des Stabes an einen Knotenpunkt oder der Lastübertragung auf eine Säule die Ursache bildet, sei es, daß die Stabachse nicht genau gerade ist oder Materialungleichheiten vorliegen: mit einer gewissen Exzentrizität hat man immer zu rechnen.

Anderseits ist durch sämtliche Versuche übereinstimmend festgestellt worden, daß schon eine geringe Exzentrizität auf die Knicklast einen stark mindernden Einfluß ausübt; vgl. auch Abschn. D. II, S. 47.

Es muß also für die Praxis von außerordentlichem Werte sein, über die Größe der vorhandenen oder anzunehmenden Exzentrizität und über ihren Einfluß auf die Knicklast nähere und genauere Angaben zu bekommen. Die Berechtigung oder sogar Notwendigkeit einer Berücksichtigung der Exzentrizität ist ja auch in der Literatur schon mehrfach ausgesprochen worden, und es finden sich auch einige Vorschläge, welches Maß von Exzentrizität zu wählen sei. Auch für diese Vorschläge, die Berechnung auf Knicken durch eine solche auf Druck mit Biegung zu ersetzen, würden nur Versuche die erforderlichen zuverlässigen Grundlagen liefern können.

Die Versuche wären so anzustellen, daß man Stäbe von verschiedenen Profilen und innerhalb dieser wieder von verschiedenen Schlankheitsverhältnissen mit wechselnder Exzentrizität auf Druck belastet, von großer Exzentrizität zu immer kleinerer übergehend, wobei die Exzentrizität über Null hinweg dann auch von der entgegengesetzten Seite wirken müßte. Die Stäbe brauchten nicht geknickt zu werden, es genügt, ihre Ausbiegungen und Spannungen zu messen, denn nach diesen ist schon ein einwandfreier Vergleich der Wirkung der verschiedenen Exzentrizitäten möglich (vorausgesetzt, daß bei dem einzelnen Versuch nicht die Proportionalitätsgrenze überschritten wird). Für die meisten Stäbe würde sich die Exzentrizität auf zwei Trägheitsachsen erstrecken müssen.

Da infolge der Exzentrizität ein Ausbiegen in bestimmter Richtung zu erwarten steht, so dürfte zweckmäßig eine Schneidenlagerung zu wählen sein. In diesem Falle haben die Stäbe also an ihren Enden eine gewisse Führung, die ja auch in der Praxis durch den Anschluß an Knotenbleche, durch Gitterstäbe oder Bindebleche oder dergleichen meist vorhanden ist. Es wird sich also aus der vorgeschlagenen Versuchsreihe noch die weitere Frage beantworten lassen, welchen Einfluß eine solche Führung des Stabes auf die Richtung und Größe seiner Ausbiegung, seiner Spannungen und seiner Knicklast hat, bis zu welcher Stablänge oder bis zu welchem Schlankheitsverhältnis sie ihren Einfluß geltend macht und von wo ab dieser aufhört, so daß der Stab dann nicht mehr in der durch die Führung vorgeschriebenen Richtung, sondern in der seines kleinsten Trägheitsmomentes ausknickt (wichtig z. B. für Eckwinkel).

Ein weiteres Versuchsprogramm umfaßt die Untersuchung der **gegliederten Stäbe,** und zwar zunächst solcher, die in einfacher Weise aus zwei Walzprofilen gebildet sind. Hierbei ist die wichtige Frage zu beantworten, in welchen Entfernungen voneinander die Bindebleche oder Futterstücke zu setzen sind, um die größte Tragfähigkeit des Stabes zu erreichen, und die zweite, ebenso wichtige Frage, welchen Abstand voneinander die beiden Einzelstäbe haben müssen, um eine gleiche Widerstandskraft des Stabes nach den Richtungen der beiden Hauptträgheitsachsen zu erzielen.

Vorarbeiten hierzu und eine Grundlage für die Programmaufstellung bilden die im Abschnitte D, II auf S. 41 beschriebenen Versuche.

Den Versuchen mit diesen „einfachen gegliederten" Stäben würden dann solche folgen, die die aus vier Profilen gebildeten Stäbe behandeln und die Frage einer zweckmäßigen Vergitterung eingehend erörtern.

Für die weiteren Punkte des Arbeitsplanes ist ein Programm noch nicht festgelegt.

Wie man sieht, hat der Verein eine außerordentlich umfangreiche und dementsprechend kostspielige Arbeit vor, die hoffentlich reiche Früchte tragen wird.

C. Die große Prüfungsmaschine des Vereins und ihre Verwendung.

Zur Vornahme von Versuchen standen bisher nur die Prüfungsmaschinen der staatlichen Versuchsanstalten, insbesondere des Königlichen Materialprüfungsamtes in Berlin-Lichterfelde, zur Verfügung; da diese aber für Versuche mit ganz großen Versuchsstücken, bei denen natürlich auch außergewöhnliche Kräfte in Frage kommen, nicht ausreichen, so hat der Verein für seine Zwecke eine große Prüfungsmaschine bauen lassen und in Berlin-Lichterfelde auf dem Gelände des Königlichen Materialprüfungsamtes aufgestellt. In dankenswerter Weise ist hierzu vom Königlichen Ministerium der geistlichen und Unterrichtsangelegenheiten die Erlaubnis erteilt und der Bauplatz unentgeltlich zur Verfügung gestellt worden. Solange für den Verein keine Versuche auszuführen sind, darf die Maschine vom Materialprüfungsamt benutzt werden; wenn die Versuche des Vereins überhaupt zu Ende sind, so kann die Maschine vom Staat zur Hälfte des Anschaffungswertes erworben werden.

Die Maschine[1]) kann eine Druckkraft von 3000 t und eine Zugkraft von 1500 t ausüben, und ist für Versuchsstäbe von 7—15 m Länge eingerichtet.

Sie steht in einer besonderen Halle von 30 × 13 m Grundfläche, besitzt eine eigene Druckwasseranlage und ist also von den übrigen Maschinen des Materialprüfungsamtes vollständig unabhängig. Sie ist in den Jahren 1911/12 erbaut worden, und zwar nach Angaben des früheren Vorsitzenden des Vereins, des Kgl. Baurates Dr.-Ing. Seifert, unter Berücksichtigung der Wünsche des Königlichen Materialprüfungsamtes von der Firma Haniel & Lueg in Düsseldorf.

Die gesamte Anlage kostet nahezu eine Viertelmillion Mark.

---

[1]) Vgl. auch Z. Ver. deutsch. Ing. 1912, S. 479.

Als neu gegenüber den bisherigen Maschinen ist bei dieser das Folgende zu bezeichnen:

Wenn die Maschine sich auch, was die grundsätzliche Gesamtanordnung angeht, der bisher bekannten Bauweise von Prüfungsmaschinen anschließt, so entstanden doch bei der Übersetzung ebendieser Grundgedanken ins Große eine Reihe von Schwierigkeiten, deren Beseitigung zu Neuerungen geführt hat. Bei kleineren Druckkräften lagerte man die Versuchsstäbe bisher an ihren Enden mittels Schneiden oder Kugeln, damit sie bei Verbiegungen sich frei drehen konnten. Bei den großen Kräften der neuen Maschine würden, wie Versuche gezeigt haben, die Schneiden und Kugeln ihre Form derart geändert haben, daß von einer klaren Kraftübertragung nicht mehr die Rede sein konnte; deshalb hat man die Anordnung hier so getroffen, daß die Druckplatte, auf der das Versuchsstück beim Druckversuch aufsitzt, mit einer Kugelfläche in einer Kugelschale von genau gleichem Durchmesser liegt, sich also nach allen Seiten hin frei bewegen kann, und daß zwischen den beiden eine Wasserschicht sitzt, die durch eine Dichtung am Ausfließen verhindert wird und deren Druck sich selbsttätig mit der Druckkraft erhöht und ermäßigt. Die Druckkräfte bis zu 3000 t können auf diese Weise einwandfrei übertragen werden, ohne daß eine allzu große Reibung entsteht; die Vorrichtung hat sich recht gut bewährt und wird wahrscheinlich auch bei weiteren Versuchen an anderen Maschinen noch Verwendung finden.

Die Maschine ist liegend angeordnet; es bietet das den Vorteil, daß man die Versuchsstücke leichter ein- und ausbauen und ihr Verhalten während des Versuches besser übersehen kann; auch hat das Versuchsstück in allen seinen Teilen die gleiche Temperatur, während sich bei einer stehenden Maschine doch recht erhebliche Wärmeunterschiede geltend machen dürften. Daß auch bei einer stehenden Maschine von so gewaltigen Abmessungen viele bauliche Schwierigkeiten zu überwinden gewesen wären, braucht nicht näher erläutert zu werden; die Kosten hätten sich jedenfalls erheblich gesteigert. Als Nachteil der liegenden Anordnung ist es zu bezeichnen, daß, insbesondere bei Druckversuchen, das Eigengewicht der Versuchsstücke eine Rolle spielt und nur in sehr unsicherer Weise, vollkommen überhaupt nicht, ausgeschaltet werden kann. Auf diese Frage wird am Schluß dieses Abschnittes noch näher eingegangen werden.

Die Hauptteile der Maschine sind: Eine Druckwasserpresse (Kolben *e* und Zylinder *d*), die Spindeln *a* und der Gegenhalter *b*; dieser kann um etwa 8 m nach links verschoben und auf dieser Strecke, der Länge des Versuchsstückes entsprechend, mittels der Muttern *c* an jeder Stelle gegen die Spindeln *a* festgelegt werden. Mit dem Kolben *e* ist noch das Kolbenquerhaupt *f* verbunden, das diesen führt und das bei Zugversuchen eine wichtige Rolle spielt.

Die Bau- und Verwendungsweise der Maschine geht am klarsten aus den Zeichnungen Abb. 1 und 2 hervor, die ihre Wirkung sowohl beim Druck- als auch beim Zugversuch dartun.

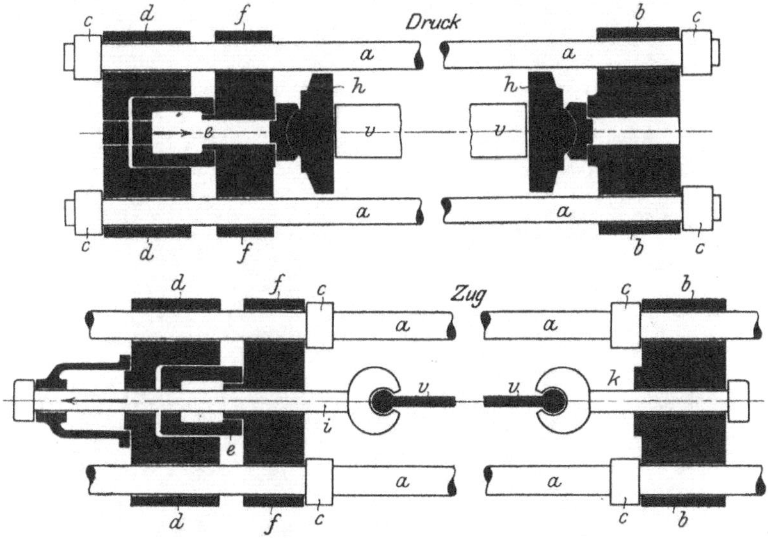

Abb. 1 und 2. Schematische Darstellung der Prüfungsmaschine.

a) Druckversuch (Abb. 1): Das Zylinderquerhaupt *d* sitzt mittels der Muttern *c* auf den beiden Spindeln *a* fest, desgleichen der Gegenhalter *b*. Das Druckwasser drückt den Kolben *e* aus dem Zylinder *d* heraus nach rechts hin und mit ihm das Kolbenquerhaupt *f*, das auf den Spindeln *a* geführt ist. Von dem Kolbenquerhaupt *f* wird nun wieder die Druckplatte *h* vorwärts gedrückt, gegen die andere Druckplatte *h* hin, die von dem Gegenhalter *b* gehalten wird. Zwischen den beiden Druckplatten *h* liegt das Versuchsstück *V*. Die Spindeln *a* sind hierbei gezogen.

Abb. 3. Prüfungsmaschine von 3000 t.

b) Zugversuch (Abb. 2): Die Druckplatten *h* werden ausgeschaltet und dafür die Zugstangen *i* und *k* durch den Zylinder *d* und den Kolben *e* mit Kolbenquerhaupt *f* sowie durch den Gegenhalter *b* hindurch gezogen, bis sie mit ihren Köpfen an dem Zylinder und dem Gegenhalter anliegen. Jetzt wird das Kolbenquerhaupt *f* mittels der Muttern *c* an den Spindeln *a* festgelegt, der Gegenhalter *b* desgleichen, nur daß dieses Mal die Muttern *c* links von ihm sitzen.

Das Zylinderquerhaupt *d* ist diesmal beweglich auf den Spindeln. Das Druckwasser im Zylinder preßt jetzt, da der Kolben durch sein Querhaupt *f* festliegt, den Zylinder nach links hin und dieser nimmt die Zugstange mit, die nun das Versuchsstück auf Zug beansprucht. Die Spindeln *a* sind gedrückt.

Die **baulichen Einzelheiten** dürften aus den folgenden Bemerkungen hervorgehen (vgl. Abb. 3—6): Die beiden Spindeln *a* bestehen aus je zwei Teilen, die durch Muffen miteinander gekuppelt werden. Sie sind mit Gewinde versehen, und auf ihnen kann der Gegenhalter *b* um rd. 8 m verschoben werden. Durch zweiteilige Muttern *c*, die in das Gewinde der Spindeln *a* eingreifen, kann er auf dieser Strecke, der jeweiligen Länge des Versuchsstückes entsprechend, an jeder Stelle eingestellt und festgehalten werden. Die zweiteiligen Muttern *c* werden durch Schrauben bewegt. Zur Sicherung der Spindeln *a* gegen Ausknicken dienen die unterstützenden Böcke *g*. Um die Reibungswiderstände infolge von Längenänderungen der Spindeln möglichst klein zu halten, sind diese auf den Unterstützungsböcken durch Rollenlager leicht verschiebbar abgestützt.

Zum Vernichten der bei Zugversuchen plötzlich frei werdenden Kräfte dienen zwei Druckwasserbremsen *p* an den Enden der Spindeln *a*; ihr Kolbendruck ist so bemessen, daß die Spindeln mit allen damit verbundenen Teilen in die ursprüngliche Lage zurückgebracht werden, wenn sie diese unter der Einwirkung der Dehnung oder der Schleuderkräfte verlassen haben sollten. Der größte Druck der Bremszylinder beträgt 200 at. Beim Entwurf der ganzen Maschine ist besonders darauf Bedacht genommen worden, daß beim plötzlichen Freiwerden der in den Spindeln, Querhäuptern usw. enthaltenen Kräfte bei Zugversuchen keine Unzuträglichkeiten und Brüche entstehen können.

Zum Verstellen des Gegenhalters *b* dient ein vom Elektromotor *m* angetriebenes Zahnradvorgelege *n*, das in eine auf dem

Maschinenfundament befestigte Zahnstange *o* eingreift. Der Elektromotor ist mit seinem Anlasser auf dem Gegenhalter *b* selbst aufgestellt; der Strom wird ihm durch biegsame Kabel zugeführt. Der Gegenhalter ruht auf vier Rollen, die den größten Teil des Gewichtes tragen; der Rest wird von den Gleitbahnen aufgenommen. Außerdem läuft der Gegenhalter in kräftigen Führungen am Maschinenbett. Damit alle vier Rollen gleichmäßig tragen, sind die Lager der Rollenzapfen durch Federn unterstützt. Die Führungen des Gegenhalters *b* sind so ausgebildet, daß etwa auftretende einseitige Kräfte nicht auf die Unterstützungsrollen, sondern auf einen genieteten kräftigen Fundamentrahmen übertragen werden.

Der Preßzylinder *d* und das Querhaupt *f* werden ebenfalls am Maschinenbett geführt. Die Führungen sind wieder so stark bemessen, daß die beim Ausweichen des Versuchsstückes etwa auftretenden einseitigen Kräfte vom Maschinenbett aufgenommen werden. Um die Reibungswiderstände bei den Versuchen nach Möglichkeit zu verringern, werden der Preßzylinder *d* und das Querhaupt *f* durch Walzensätze unterstützt.

Die Gleitbahnen für die beweglichen Teile sind sauber gehobelte, schwere Gußeisenplatten. Die ganze Maschine ruht auf dem bereits erwähnten, aus Walzeisen genieteten verankerten Fundamentrahmen.

Auf das Versuchsstück werden die Kräfte bei Druckversuchen durch zwei schwere, quadratische Druckplatten *h* von 2 m Seitenlänge übertragen; diese stützen sich gegen das Kolbenquerhaupt *f* und den Gegenhalter *b* vermittels besonderer Zwischenplatten, die sie in einer kugeligen Lagerfläche berühren, damit sie den Ausbiegungen der Versuchsstücke folgen können. Um in diesem Sinne die Druckplatten möglichst leicht beweglich zu machen, hat man zwischen die Kugelflächen eine Flüssigkeitsschicht eingeschaltet, auf der die Platten bei den Druckversuchen ruhen. Für Zugversuche sind an der Presse und am Gegenhalter Zugstangen *i*, *k* angeordnet, die an den vorderen Enden mit Gewinde zum Aufschrauben von besondern, in der Figur nicht angegebenen Einspannstücken für die Versuchsstäbe versehen sind. Bei Druckversuchen werden die Zugstangen bis hinter die kugeligen Unterstützungen der Druckplatten zurückgezogen, wie es in Abb. 4—6 gezeichnet ist.

Der Kolben der Druckwasserpresse kann sich um 40 cm verschieben. Für die Versuche ist dieser Weg vollkommen genügend; ein größerer kann durch Umsetzen von Tauchkolben und Zylinder erzielt werden. Der Preßkolben kann durch zwei Druckwasserzylinder *l*, die im Querhaupt *f* gelagert sind und deren Rückzugstangen am Preßzylinder *d* angreifen, zurückgezogen werden, wenn während oder nach dem Versuche der Versuchsstab entlastet werden soll.

Die Steuerung *q* ist an übersichtlicher Stelle, neben der Druckwasserpresse, angeordnet. Das Druckwasser wird von ihr durch Gelenkrohre *r* nach den Zylindern geleitet. Es wird von einer eigens erbauten Kraftanlage geliefert und hat für Druckversuche 400, für Zugversuche 200 at Druck. Der große Preßkolben wird beim Leergang durch Füllwasser von etwa 3—4 at, das aus der Wasserleitung entnommen wird, vorgeschoben. Zum Messen des Druckes im Preßzylinder dienen zwei Präzisionsmanometer. Ein drittes mißt den Druck in den Rückzugzylindern während der Versuche, das vierte zeigt den Druck im Akkumulator an. Alle Meßgeräte sind mit Schutzvorrichtungen versehen, damit plötzliche Wasserstöße und plötzliche Druckabnahme von ihnen ferngehalten werden.

Alle großen und schweren Teile, wie Preßzylinder, Querhaupt, Unterstützungsböcke für die Spindeln, Druckplatten und Gegenhalter usw., sind aus Stahlguß, die Spindeln, Zugstangen für Zugversuche, Kolben und alle sonstigen beanspruchten Teile aus geschmiedetem Stahl hergestellt. Die Druckwasserkolben sind durch Lederstulpen abgedichtet, Zylinder und Stopfbüchsen sind an den Gleitstellen für die Kolben mit Bronzebüchsen versehen.

Um ein ungefähres Bild von den Abmessungen und Maßen der einzelnen Maschinenteile zu geben, sei bemerkt, daß der Druckzylinder rd. 1900 mm äußeren und rd. 1200 mm inneren Durchmesser aufweist und allein rd. 40 000 kg wiegt. Die zweiteiligen Spindeln haben 500 mm Durchmesser und wiegen bei je 13,5 m Länge etwa 20 000 kg. Der Gegenhalter von rd. 1160 mm Durchmesser ist rd. 32 000 kg schwer. Beachtung verdienen auch die massigen Druckplatten von 4 qm Oberfläche mit einem Gewicht von je 15 000 kg. Die Maschine an sich hat ohne die Druckwasseranlage ein Gesamtgewicht von rd. 350 000 kg; sie ist rd. 28 m lang und rd. 4,5 m breit; die Maschinenachse liegt etwa 1,25 m über dem Hallenflur.

Der Arbeitsvorgang ist folgender: Soll die Maschine für **Druckversuche** vorbereitet werden, so wird der Preßzylinder, d. h. sein Querhaupt *d*, durch die zweiteiligen Muttern *c* mit den großen Spindeln *a* gekuppelt, das Kolbenquerhaupt *f* entkuppelt (auf den Spindeln *a* verschiebbar gemacht), die Stangen *i* und *k* zurückgezogen und die kugelflächigen Lagerplatten für die Druckplatten *h* eingebaut. Dann werden die seitlichen Unterstützungsböcke für die Druckplatten zurückgezogen, so daß das Gewicht der Platten nur von den darunter befindlichen Unterstützungswagen aufgenommen wird. Schließlich wird der Preßkolben *e* nach links hin ganz zurückgezogen und der Gegenhalter *b* so weit vorgeschoben, bis der Raum zwischen den Vorderflächen der beiden Druckplatten nur wenig größer ist als die Länge des Versuchsstückes. Dann wird der Gegenhalter mit den Spindeln vermittels der Muttern *c* gekuppelt, und das Versuchsstück kann in die Maschine eingebracht werden. Bei Beginn der Prüfung werden dann die beiden Rückzugzylinder *l* auf Abwasser gestellt und der Preßkolben zunächst durch Wasserleitungsdruck so weit vorgeschoben, bis beide Druckplatten fest am Versuchsstück anliegen. Hierauf wird die Wasserleitung abgesperrt und Druckwasser in den Preßzylinder bis zur jeweils erforderlichen Höhe des Druckes eingelassen. Die Rückzugzylinder bleiben immer auf Abwasser stehen, wenn das Versuchsstück belastet wird. Ist der Versuch beendet, so wird die Druckwasserleitung vom Preßzylinder abgesperrt, der Zylinder auf Abwasser gestellt und schließlich durch Einlassen von Druckwasser in die Rückzugzylinder der Preßkolben mit der einen Druckplatte zurückgezogen.

Sollen mit der Maschine **Zugversuche** ausgeführt werden, so wird das Kolbenquerhaupt *f* mit den Spindeln gekuppelt, wiederum mittels der (jetzt kleineren) Muttern *c*, der Preßzylinder, d. h. sein Querhaupt *d*, von den Spindeln *a* entkuppelt, die seitlichen Unterstützungsböcke unter die Druckplatten geschoben und mit diesen verschraubt, so daß die Druckplatten auf dem Maschinenbett ruhen. Nach Entfernung der kugelförmigen Lagerplatten und -schalen zwischen den Druckplatten *h* und dem Kolbenquerhaupt *f* bzw. dem Gegenhalter *b* werden die beiden Zugstangen *i* und *k* vorgeschoben, bis die Gewindeenden vollständig durch die Druckplatten hindurchtreten. Falls es die Länge des zu prüfenden Stückes erfordert, wird dann der Gegenhalter *b* eingestellt und mit den Spindeln gekuppelt. Wenn das Versuchsstück eingespannt ist, wird, wie bei Druckversuchen, zunächst Füllwasser aus der Wasserleitung in den Preßzylinder eingelassen und die Rückzugzylinder auf Abwasser gestellt. Erst wenn das Versuchs stück durch den Füllwasserdruck gespannt ist, wird die Druckleitung zum Preßzylinder geöffnet.

Abstützung des Eigengewichtes der Versuchsstücke.

Wie schon in der Beschreibung der Maschine ausgeführt, bringt ihre liegende Anordnung den Nachteil, daß das Eigengewicht der Versuchsstäbe eine Rolle spielt und nur in sehr unsicherer Weise, vollkommen überhaupt nicht, ausgeschaltet werden kann. Insbesondere bei Knickversuchen mit sehr langen, schlanken Stäben kann das die Ergebnisse beeinflussen und stören. Bei stärkeren Stäben wird sein Einfluß zurücktreten gegenüber dem des exzentrischen Kraftangriffs. Betrachtet man z. B. den im folgenden beschriebenen zweiten Druckstab von rd. 13,4 m Länge und 1066 qcm Querschnitt, so ist für diesen als Träger auf zwei Stützen bei einem Eigengewicht von rd. 850 kg/m das Biegungsmoment in Stabmitte:

$$M = 1\,910\,000 \text{ cm kg}.$$

Die von dem Stabe getragene Höchstlast ist 2294 t. Rechnet man mit einer Laststufe von z. B. 1000 t, so würde dem Biegungsmomente M entsprechen eine Exzentrizität des Kraftangriffs von 1,9 cm, der Laststufe von 2000 t ein Wert von 0,95 cm. Solche Werte liegen aber bei so starken Stäben wahrscheinlich noch innerhalb der Grenzen der Genauigkeit der Herstellung. Für den im folgenden erstgenannten Druckstab von rd. 7,3 m Länge und 846 qcm Querschnitt ergibt die Rechnung für die Höchstlast von 1862 t eine Exzentrizität von 0,24 cm, also einen verschwindend kleinen Wert. Daß bei so starken Stäben das Eigengewicht keine Rolle spielt, geht auch daraus hervor, daß einer der genannten Druckstäbe sich nicht, wie man erwarten sollte, nach unten, sondern nach oben durchbog. Ein schlankerer Stab dagegen von z. B. 100 t Tragfähigkeit (Querschnitt: 4 L 100/100/12 in den Ecken eines Quadrates von 25 cm Seitenlänge) ergibt bei 13,4 m Länge eine Exzentrizität von rd. 2 cm für die Höchstlast, darunter entsprechend mehr; allerdings ist es bei einem solchen Stabe sehr fraglich, ob man ihn liegend prüfen wird. Meines Wissens gibt es aber in Deutschland noch keine stehenden Prüfungsmaschinen mit mehr als 8 m Knicklänge.

Jedenfalls erscheint es im Interesse einer möglichst vielseitigen Verwendbarkeit der Prüfungsmaschine geboten, auf möglichste Ausschaltung des Eigengewichtes durch eine Abstützung der Stäbe in irgendeiner Form Bedacht zu nehmen. Es entsteht dabei allerdings die schwierige Frage, ob man den Gegendruck, den die Abstützung ausübt, gleich dem vollen oder nur gleich einem Teil des Stabgewichtes machen soll; denn ein Teil dieses Gewichtes wird ja doch unvermeidlich von den Druckplatten der Prüfungsmaschine, gegen die sich der Stab stützt, übernommen, sobald er einmal unter Druck steht. Die Stärke der Abstützung kann also nur nach dem Gefühl bemessen werden (etwa $^3/_4$ des Eigengewichts). Die Abstützung muß ferner noch die Forderung erfüllen, daß sie, ohne daß sich die von ihr ausgeübte Kraft ändert, in ziemlich weiten Grenzen nachgibt, und zwar in wagerechter Richtung (in der Stabachse und senkrecht dazu), in lotrechter Richtung, und bei einem Verdrehen der Stabquerschnitte in ihrer Ebene. Ferner muß Vorsorge getroffen werden, daß die Kräfte der Abstützung auch am durchgebogenen oder verdrehten Stabe so angreifen können, daß sie keine Behinderung oder Förderung der Durchbiegung oder Verdrehung erzeugen.

Ein Versuch, die Abstützung durch Spiralfedern zu erreichen, ist als mißlungen zu bezeichnen; neuerdings sollen dazu nach dem Vorschlage von Geheimrat Rudeloff hydraulische Preßzylinder verwendet werden, die ihr Druckwasser von einem gemeinsamen Behälter aus erhalten. Der Zweck dürfte sich damit erfüllen lassen. Dadurch, daß man die Zylinder längs der Stabachse verschiebbar anordnet, kann man es erreichen, daß die Achse des abgestützten Stabes möglichst gerade wird.

Versuche auf der großen Prüfungsmaschine.

Auf der vorbeschriebenen Prüfungsmaschine des Vereins sind seit ihrer Fertigstellung eine Reihe von Versuchen durchgeführt worden, die zum Teil der Abnahme der Maschine galten, zum Teil auf Antrag von privater Seite ausgeführt wurden.

Der erste Druckstab, der 7,336 m Länge und 846 qcm Querschnitt hatte und einem Obergurtstab der Seitenöffnung der

Hohenzollernbrücke in Köln (Eisenbahnbrücke) nachgebildet war, erforderte eine Druckkraft von 1862 t; der zweite Druckstab von 13,37 m Länge und 1066 qcm Querschnitt, der mit seinen Abmessungen mit einer Druckstrebe der Eisenbahnbrücke über den Rhein bei Haus Knipp unterhalb Ruhrort übereinstimmte, erforderte eine Druckkraft von 2294 t. Beide Stäbe wurden durch Ausweichen eines Einzelteiles zerstört.

Ein weiterer großer Druckstab, der die Nachbildung eines Stabes der Hohenzollernbrücke darstellt, aber diesem gegenüber in der Anordnung der Querverbindungen und Nietteilung verstärkt ist, wurde beschafft; von seiner Prüfung ist aber auf Beschluß des Versuchsausschusses einstweilen noch Abstand genommen worden, um vorher die geplanten Zugversuche mit großen Stäben zu Ende zu führen, und um vor allen Dingen zu erproben, ob und in welchem Maße beim Zerreißen derartiger Stäbe Schläge in der Maschine auftreten und wie sich deren einzelne Teile diesen Schlägen gegenüber verhalten.

Diese Aufgabe ist inzwischen erledigt, und zwar sind folgende Zugstäbe auf der 3000 t-Maschine geprüft worden:

1. ein einfacher Flachstab von etwa 5 m Länge und 500 × 18 mm Querschnitt; Bruchlast etwa 380 t;
2. zwei geschmiedete Stahlstäbe von 120 und 170 mm Durchmesser; Bruchlasten etwa 485 t und 1015 t;
3. ein Stab, der einer auf Zug beanspruchten Diagonale der Eisenbahnbrücke über den Rhein unterhalb Ruhrort nachgebildet ist, mit etwa 306 qcm tragendem Querschnitt; Bruchlast etwa 1115 t.

Die Maschine hat sich gegen die heftigen Schläge, die bei Prüfung der unter 2 genannten Stäbe auftraten, als widerstandsfähig erwiesen; die Genauigkeit ihrer Kraftanzeige ist als hinreichend befunden, wird aber zurzeit noch einer genaueren Nachprüfung unterzogen.

Wenn die von der Maschine bisher ausgeübten größten Druck- und Zugkräfte auch ihre Leistungsfähigkeit noch nicht erschöpft haben, so kann man nach den bisherigen Abnahmeversuchen doch jetzt schon sagen, daß die Maschine zur Zufriedenheit arbeitet und allen Anforderungen entspricht. Einige kleine Übelstände, die sich im Laufe des Betriebes ergeben haben, konnten von der ausführenden Firma ohne weiteres beseitigt werden.

Zur unbedingten Sicherheit ist geplant, einen der schon geprüften Druckstäbe zu kürzen und dadurch seine Tragfähigkeit auf Druck derart zu erhöhen, daß die größte Druckkraft der Maschine voll ausgenützt und damit die Abnahme zu Ende geführt werden kann.

Auf Antrag und Kosten des Kaiserlichen Kanalbauamtes in Kiel wurden ferner seitens des Kgl. Materialprüfungsamtes auf der großen Maschine eine Reihe von Druckversuchen ausgeführt mit Druckstäben, wie sie in einer Brücke über den Kaiser-Wilhelm-Kanal zur Verwendung kommen sollten. Die erreichten Höchstlasten betrugen rd. 850 und 1050 t.

Endlich wurden auf Antrag und Kosten der Maschinenfabrik Augsburg-Nürnberg A.-G., Gustavsburg, zwei Kettenstäbe der neuen Hängebrücke in Köln auf ihre Zugfestigkeit geprüft.

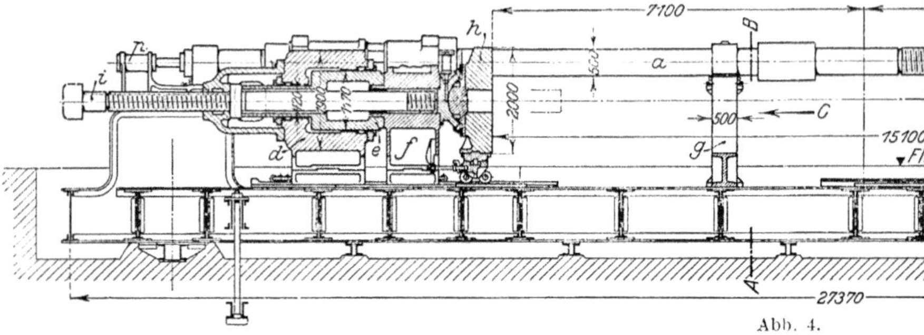

Abb. 4.

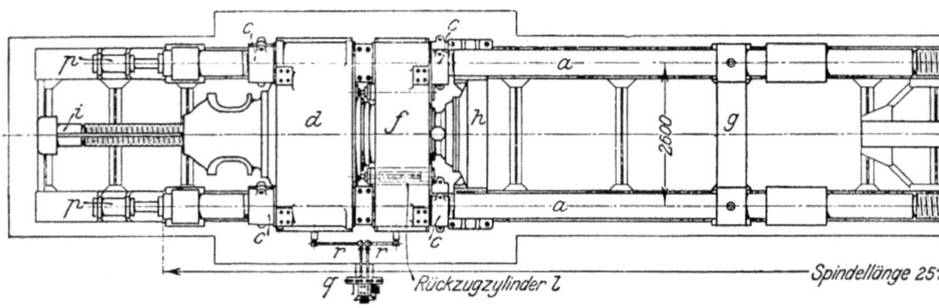

Abb. 6.

Abb. 4—6. Längsschnitt, Querschnitt und G

Zu Seite 15.

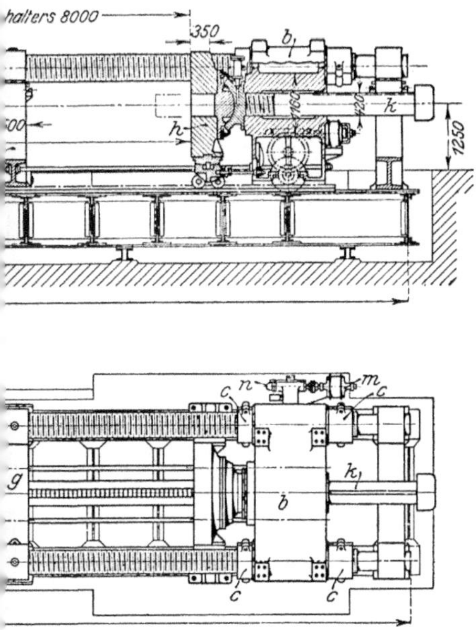

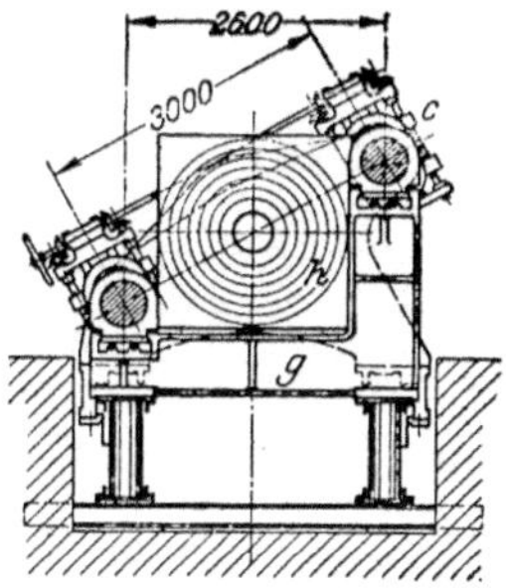

Abb. 5.

Prüfungsmaschine von 3000 t.

D. Bisherige Versuche.

I. Versuche mit Nietverbindungen.

1. Über den Einfluß des kleinen Versenkes, des Nietverfahrens und der Oberflächenbeschaffenheit auf die Gleit- und Bruchfestigkeit.[1])

Diese Versuche sollten Aufschluß geben über den Wert des von verschiedenen Behörden vorgeschriebenen kleinen kegelförmigen Versenkes *a*, Abb. 7, zwischen Kopf und Schaft der Niete, auf die Haltbarkeit sowohl der Niete an sich, als auch der mit solchen Nieten hergestellten Stabverbindungen.

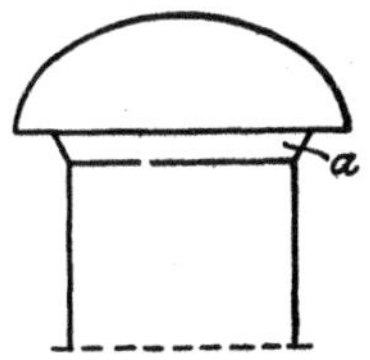

Abb. 7.
Kleines Versenk.

Die Anwendung dieses kegelförmigen Überganges, der kurz „das kleine Versenk" genannt wird, hat von jeher den Werkstätten Schwierigkeiten gemacht und nicht selten zu Beanstandungen bei der Abnahme der fertigen Eisenkonstruktion geführt; vgl. auch Abschn. E, S. 52.

Das Bestreben der Brückenbauanstalten, die kleinen Versenke wegzulassen, war deshalb von jeher vorhanden. Es blieb nur die Frage, ob durch das im höchsten Maß unbequeme Versenk bei bester Ausführung die Haltbarkeit der Vernietung gewinnt.

Zur Lösung dieser Frage dienten zwei Versuchsreihen. Die erste sollte Aufschluß geben über den Einfluß des Versenkes auf den Gleitwiderstand und die Abscherfestigkeit von Nietverbindungen. Zu diesem Zwecke wurden Nietverbindungen untersucht, bei denen die Niete das eine Mal mit Versenk versehen, das andre Mal ohne Versenk hergestellt waren.

Die zweite Versuchsreihe umfaßte Schlag-Zugversuche, bei denen das Niet nur in seiner Achsrichtung stoßweise belastet wurde, gleichfalls für beide Nietsorten.

[1]) Z. Ver. deutsch. Ing. 1909, S. 1019.

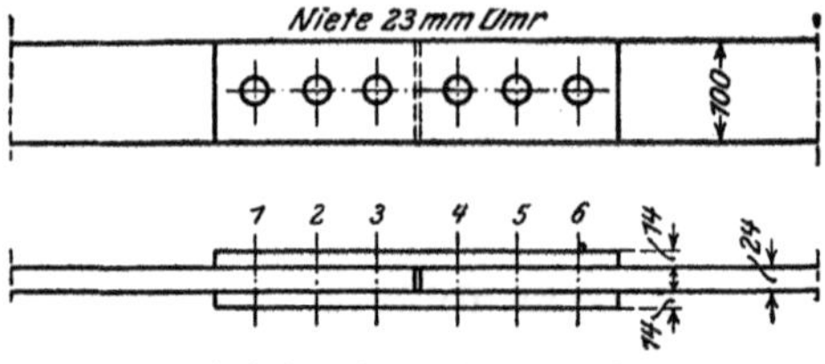

Abb. 8 und 9. Versuchsstäbe.

Für die erstgenannte Versuchsreihe wurden 18 Probestäbe aus Flacheisen von 100 mm Breite und 24 mm Stärke angefertigt, die stumpf gestoßen und durch zwei Flacheisen von 14 mm Dicke gelascht wurden, Abb. 8 und 9.

Es betrugen:

Die Querschnitte der Flacheisen . . . . $F_1 = 2{,}4 \cdot (10 - 2{,}3) = 18{,}48$ qcm
Die Querschnitte der Laschen $F_2 = 2 \cdot 1{,}4 (10 - 2{,}3) = 21{,}56$ qcm
Die Scherfläche der Niete . $F_3 = 3 \cdot 2 \cdot {}^1/_4 \cdot 2{,}3^2 \cdot \pi = 24{,}93$ qcm
Die Lochleibungsfläche . . $F_4 = 3 \cdot 2{,}3 \cdot 2{,}4 = 16{,}56$ qcm.

Mit dieser Versuchsreihe sollte zugleich der Einfluß verschiedener Nietverfahren auf die Haltbarkeit der Verbindung festgestellt werden.

Zur Anwendung kam:

1. Handnietung,
2. Lufthammernietung (mit Druckluft),
3. Kniehebelnietung (mit Druckluft).

Die Niete von je drei Versuchsstücken wurde nach gleichem Nietverfahren geschlagen. Über die Form der Niete und die Ausführung der Nietung siehe die angegebene Quelle.

Um die Stäbe beim Transport vor äußeren Einflüssen zu schützen, wurden sie in Kisten versandt. Bei der Zurichtung der Versuchsstücke wurde eine der Praxis entsprechende Behandlung angestrebt, sonstiger zufälliger Beschädigung jedoch sorgfältig vorgebeugt. Das zu den Probestäben und für die Niete verwendete Material war Flußeisen von einer den deutschen Normalbedingungen entsprechenden Güte.

Die rechnerische Scherbeanspruchung betrug rd. 73 v. H. der Zugbeanspruchung.

Die Versuche sind vom Königlichen Materialprüfungsamt Berlin-Lichterfelde ausgeführt. Die Anordnung der Meßvorrichtungen und den Versuchsgang siehe in der genannten Quelle.

Beobachtet sind die Belastungen:

a) bei denen noch kein Gleiten stattfand;

b) bei denen Gleiten eingetreten war; und

c) bei denen Zerstörung erfolgte, sei es durch Abscheren der Niete oder durch Reißen der Eisen.

Tabelle 1.

Art der Nietung	Versenk		Beginnt zu gleiten bei P_2 kg	$\frac{P_2}{F_3}$ kg/qcm	Bruch bei P_3 kg	$\frac{P_3}{F_1}$ kg/qcm	$\frac{P_3}{F_3}$ kg/qcm	Bruch in der Hauptsache durch
Hand	ohne	A	16 000	640	72 830	3940	2920	Abscheren der Niete
		B	16 665	665	72 830	3840	2920	
	mit	A	15 835	615	74 330	4020	2980	
		B	20 665	825	71 170	3850	2850	
Lufthammer	ohne	A	16 000	640	73 830	4000	2960	Reihe A: Teils durch Abscheren d. Niete und teils durch Reißen des Flacheisens Reihe B: Abscheren der Niete
		B	16 665	665	71 500	3870	2870	
	mit	A	18 670	750	78 330	3970	2940	
		B	18 000	720	68 000	3680	2730	
Kniehebel	ohne	A	22 000	880	74 000	4000	2970	Reißen des Flacheisens
		B	26 670	1070	73 000	3980	2950	
	mit	A	21 330	850	75 170	4070	3020	
		B	28 000	1120	73 170	3960	2940	
					Mittelwerte:	3940	2920	

A: Zwischenflächen gebeizt und geölt,

B: Zwischenflächen mit Bürste gereinigt, geölt und einmal mit Mennige gestrichen.

Die **Ergebnisse** sind in Tabelle 1 als Mittelwerte zusammengestellt. Aus ihnen geht folgendes hervor:

1. Da bei fast den gleichen Spannungen der Bruch zum Teil durch Abscheren der Niete, zum Teil durch Reißen der Flacheisen erfolgte, so ist damit erwiesen, daß die Nietverbindung gut entworfen war, d. h. daß die Abmessungen so gewählt waren, daß sowohl an den Flacheisen, wie auch an den Nieten die Spannungen bis zur Grenze ausgenutzt wurden; das Verhältnis vom Nietquerschnitte zum Stabquerschnitt ist richtig gewählt. Der Mittelwert der Scherspannung beträgt 0,75 der Zugbeanspruchung.

2. Die Reihe B weist zwar gegenüber der Reihe A einen geringen Unterschied auf, indem sie eine etwas kleinere Bruchfestigkeit und einen etwas größeren Gleitwiderstand ergeben hat; doch ist dieser Unterschied nicht so groß, daß man daraus auf einen bestimmten Einfluß der verschiedenen Behandlung der Zwischenflächen schließen könnte.

3. Die Kniehebelnietung lieferte in beiden Reihen den größten Gleitwiderstand und die größte Festigkeit, während Hand- und Lufthammernietung nahezu gleich sind; die erstere scheint gegen die andere noch etwas zurückzustehen. Ob das Güteverhältnis der verschiedenen Nietverfahren indessen den gewonnenen Zahlen genau entspricht, kann dahingestellt bleiben. Es ist zu bedenken, daß das Nieten der Versuchsstäbe mit der Hand erheblich schwieriger war als die Nietung mit dem Kniehebel; denn die Schwingungen, denen der Stab bei Handnietung und bei Lufthammernietung ausgesetzt war, fielen bei Kniehebelnietung weg. Lufthammer- und Handnietung werden wahrscheinlich zu besseren Ergebnissen führen, wenn es sich um schwere Versuchsstücke handelt, da das Gewicht der zu vernietenden Teile sicher einen großen Einfluß auf die Güte der Hand- und Lufthammernietung ausübt.

4. Das Anbringen der Versenke hat keinen gesetzmäßigen Einfluß auf die Haltbarkeit der Nietverbindungen ausgeübt, weder auf den Gleitwiderstand, noch auf die Bruchfestigkeit.

Zu dem gleichen Ergebnisse haben die weiterhin noch angestellten Schlag-Zugversuche geführt, bei denen einzelne Niete daraufhin untersucht wurden, ob Nietköpfe mit Versenk weniger zum Abspringen neigen, als Nietköpfe ohne Versenk. Diese Versuche sind ebenfalls in der oben angegebenen Quelle ausführlich beschrieben.

Über die Größe des Gleitwiderstandes und die Art und Ursache des Bruches seien noch einige Bemerkungen des Verfassers angeschlossen:

Für die folgenden Betrachtungen ist es gleichgültig, ob man sich die Kraftübertragung in der Nietverbindung bewirkt denkt durch den Lochleibungsdruck und die Abscherfestigkeit der Niete, oder durch die Reibung infolge der Zusammenpressung der Teile (Längskräfte in den Nieten), oder durch beides. In der Hauptsache kommt das letztere in Frage.

a) Wenn überhaupt noch kein Gleiten des Stabes gegen die Laschen stattfindet, oder wenn es (was sehr unwahrscheinlich ist) an allen Nieten genau zu gleicher Zeit und genau im gleichen Maße eintritt, so übertragen die drei Niete jeder gleich viel; nur dann findet der Kraftübergang so statt, wie er sein soll und wie ihn die Theorie voraussetzt. Bei Beanspruchungen innerhalb der zulässigen Grenzen dürfte das zutreffen.

b) Tritt nun aber an einer Stelle ein Gleiten ein, so überträgt diese Stelle weniger; die anderen haben also mehr zu übernehmen. Das Gleiten wird immer zuerst und am meisten an den äußersten Nieten auftreten, da wo die Kräfte in die Reihe der auf einer Seite des Stoßes befindlichen Niete eintreten, weil dort die Unterschiede zwischen den Spannungen der Flacheisen und der Laschen und somit auch die Unterschiede in den Dehnungen am größten sind. Dies wird bestätigt durch die bei diesen Versuchen angestellten Messungen der Verschiebungen, wie sie in der genannten Veröffentlichung u. a. in Abb. 10 dargestellt sind. Es haben sich z. B. verschoben bei einer Belastung von 60 t die Laschen gegen die Flacheisen

an den Nieten	3	2	1	1	2	3
um rund	2,8	1,5	1,75	1,75	1,5	2,8 mm.

Dieser Verschiedenheit in den Verschiebungen entspricht natürlich eine Ungleichheit in der Teilnahme der einzelnen Nieten an der Kräfteübertragung.

Je fester nun eine Nietverbindung ist, d. h. je später und in je geringerem Maße das Gleiten eintritt, um so weniger ist mit der eben erläuterten ungleichmäßigen Beanspruchung der einzelnen Niete zu rechnen. Eine solche Verbindung wird also eine größere Scherfestigkeit ergeben als eine solche, bei der das Gleiten zeitiger beginnt, da im letzteren Falle sich leicht eine Überbeanspruchung und somit ein Abscheren der äußersten Niete ergibt, denen die anderen dann folgen. Eine Nietverbindung mit größerem Gleitwiderstande wird also durch Reißen der Flacheisen zugrunde gehen, wenn, wie im vorliegenden Falle, die Zugfestigkeit der Flacheisen und die Scherfestigkeit der Niete gleich groß bemessen ist.

Wie die Tabelle 1 zeigt, ist dies auch bei den vorliegenden Versuchen geschehen:

Die Proben mit Kniehebelnietung sind in der großen Mehrzahl durch Reißen der Flacheisen, die Proben mit Handnietung durch Abscheren der Niete, die Proben mit Lufthammernietung teils durch die erste, teils durch die zweite Ursache zu Bruch gegangen.

Aus den bisher gemachten Versuchen hat sich ergeben, daß ein merkbarer Unterschied in der Haltbarkeit der Niete mit Versenk, d. h. mit konischem Übergang vom Schaft zum Kopf und der Niete ohne Versenk nicht besteht; auch bei den damit hergestellten Verlaschungen ist ein Unterschied in der Haltbarkeit nicht festgestellt worden.

Mit Rücksicht hierauf und im Hinblick auf die sehr schwierige Herstellung der kleinen Versenke beschloß der Versuchsausschuß, künftig bei allen Versuchen den konischen Übergang vom Schaft zum Kopf der Niete wegzulassen. Die Nietlöcher sollen abgegratet werden und die Niete unterm Kopf nur die kleine Ausrundung nach dem Schaft hin erhalten, wie sie sich bei der normalen Fabrikation von selbst ergibt.

Das Versuchsergebnis ist den Behörden mitgeteilt worden, mit dem Ersuchen, die Vorschriften, welche die Anwendung des konischen Versenks vorschreiben, aufzuheben. Vgl. hierzu Abschnitt E.

2. Über den Einfluß des Nietdurchmessers auf die Gleit- und Bruchfestigkeit.[1])

Die Versuche bezweckten festzustellen, „ob Zugkräfte mit dem gleichen Nutzen durch Niete kleineren oder größeren Durchmessers übertragen werden können“.

Die Versuchsstücke bestanden nach Abb. 10 aus zwei Flacheisen, die beiderseits verlascht und in einer Nietreihe durch je 3 oder 2 Niete ohne Versenk verbunden waren.

Zu den Versuchsstücken ist Thomaseisen nach den deutschen Normalbedingungen verwendet. Die Nieten sind aus Rundeisen

---

[1]) Versuche mit Nietverbindungen für den Verein deutscher Brücken- und Eisenbau-Fabriken, ausgeführt im Königlichen Materialprüfungsamt zu Berlin-Lichterfelde. Bericht erstattet von Professor Rudeloff. Verhandlungen des Vereins zur Beförderung des Gewerbefleißes 1911, Beiheft, S. 1—16.

hergestellt, das ebenfalls den entsprechenden Vorschriften in den deutschen Normalbedingungen entspricht. Das Nieteisen ist in einem Satz hergestellt.

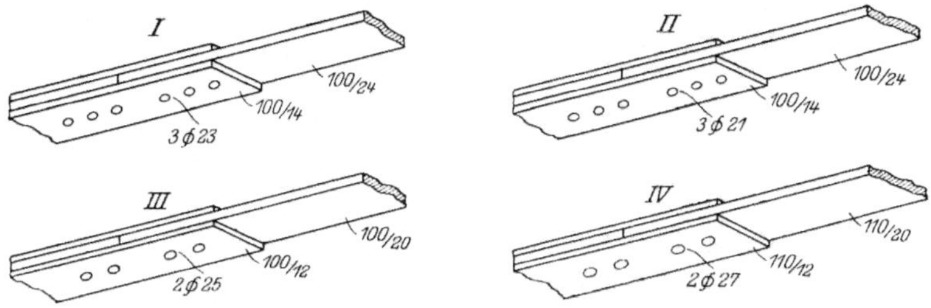

Abb. 10. Versuchsstäbe.

Die Vernietung ist nach den vom Königlichen Preußischen Ministerium der öffentlichen Arbeiten gegebenen Bauvorschriften hergestellt.

Die 4 Arten von Proben mit Nieten verschiedenen Durchmessers sind in Abb. 10 und Tab. 2 zusammengestellt.

Tabelle 2.

Reihe	Tragender Querschnitt in qcm: auf Zug in den Flacheisen	Tragender Querschnitt in qcm: auf Zug in den Laschen	Tragender Querschnitt in qcm: in den Nieten auf Abscheren	Tragender Querschnitt in qcm: in den Nieten auf Lochleibungsdruck
I	18,48	21,56	24,93	16,56
II	18,96	22,12	20,78	15,12
III	15,00	18,00	19,63	10,00
IV	16,60	19,92	22,90	10,80

Jede der 4 Reihen umfaßte 2 Gruppen (A und B) von Proben; bei A waren die Zwischenflächen gebeizt und geölt, bei B dagegen gebeizt, geölt und einmal mit Mennige gestrichen. Ferner war in jeder Gruppe ein Teil der Proben von Hand, ein anderer mit Lufthammer und ein dritter mit Kniehebel genietet.

Außer den genieteten Proben wurden drei Versuchsstücke untersucht, bei denen die Laschen mit den Flacheisen nicht vernietet, sondern verschraubt waren. Sie stimmten hinsichtlich der Abmessungen mit den Proben der Reihe II, der Reihe III und der Reihe IV überein. Die Zwischenflächen waren bei allen drei Proben mit Verschraubung gebeizt und geölt, wie bei der Gruppe A der genieteten Proben.

Tabelle 3.

Probe Nummer	Zustand der Zwischenflächen	Art der Nietung	Bruchlast kg	Bruchspannungen in kg/qcm und Anzahl der Brüche in den Flacheisen		Laschen	Nieten auf Abscheren		Nieten auf Leibungsdruck
I A	gebeizt und geölt	Hand	72 830	3940	—	3380	2920	3	4400
II A			63 830	3370	—	2890	3070	3	4220
III A			57 330	3820	—	3180	2920	3	5730
IV A			65 830	3970	3	3300	2880	—	6100
I A		Lufthammer	73 830	4000	1	3430	2960	2	4460
II A			63 500	3350	—	2870	3060	4	4200
III A			56 130	3740	1	3120	2860	3	5610
IV A			65 830	3970	2	3300	2870	1	6100
I A		Kniehebel	74 000	4000	2	3440	2970	1	4470
II A			64 500	3400	—	2920	3100	4	4270
III A			57 500	3830	3	3190	2930	1	5750
IV A			68 530	4120	4	3430	2980	—	6330
I B	gebeizt, geölt und einmal mit Mennige gestrichen	Hand	72 830	3940	1	3380	2920	2	4400
II B			62 000	3270	—	2800	2990	3	4100
III B			57 170	3810	1	3170	2910	2	5720
IV B			65 330	3940	2	3280	2860	1	6050
I B		Lufthammer	71 500	3870	—	3320	2870	3	4320
II B			62 830	3320	—	2840	3030	3	4150
III B			[49 000	(3270)	3	2720	2490	—	4900]
IV B			66 330	4000	3	3330	2900	—	6140
I B		Kniehebel	73 500	3980	3	3410	2950	—	4440
II B			62 670	3300	—	2830	3020	3	4150
III B			54 330	3620	3	3010	2770	—	5430
IV B			66 670	4020	3	3340	2910	—	6170
II A	gebeizt und geölt	Schraubenverbindung	60 000	3160	—	2710	2890	—	3970
III A			56 500	3770	—	3140	2880	—	5650
IV A			66 500	4010	—	3340	2900	—	6160

Die hinter den Spannungen stehenden Zahlen geben an, wie viele Proben durch Reißen der Flacheisen oder durch Abscheren der Niete zu Bruch gegangen sind.

Beim Versuch wurde bestimmt:

a) das Gleiten der Flacheisen gegen die Laschen;

b) die Bruchbelastung.

Es hat sich dabei gezeigt, daß die sichere Bestimmung des Gleitbeginnes außerordentlich schwierig ist, weil die Gleitbeobachtungen durch die Dehnungen der vernieteten Teile beeinflußt werden. Daraus folgt, daß der Begriff des Gleitwiderstandes als ein recht unsicherer betrachtet werden muß.

Tabelle 4.

Reihe	Mittelwerte der Bruchlast	Aus der Bruchlast errechnete Spannungen und Anzahl der Brüche			
		auf Zug in den Flacheisen		auf Abscheren in den Nieten	
	kg	kg/qcm		kg/qcm	
I	73 080	3955	7	2933	11
II	63 220	3370	—	3045	18
III	56 490	3744	11	2874	9
IV	66 420	4003	17	2900	2

Die hinter den Spannungen stehenden Zahlen geben an, wie viele Proben durch Reißen der Flacheisen oder durch Abscheren der Niete zu Bruch gegangen sind.

Die erzielten Ergebnisse lassen sich in Übereinstimmung mit den in der Quelle gezogenen Schlußfolgerungen für die Grenzen der vorliegenden Versuche wie folgt zusammenfassen:

A. Über den Beginn und den Verlauf des Gleitens (die Zahlen selbst siehe in der eingangs genannten Veröffentlichung):

1. Bei den mit Kniehebel genieteten Proben war der Gleitbeginn schärfer ausgeprägt, als bei den Nietungen mit Handhammer oder Lufthammer.
2. Die Nietung mit Kniehebel lieferte bei allen Reihen mit verschiedenen Probenabmessungen die höchsten Gleitwiderstände (Scherspannung beim Beginn des Gleitens), die Nietungen mit Handhammer die geringsten; dazwischen stehen die Nietungen mit dem Lufthammer. Das Verhältnis ist bei drei Nieten auf jeder Seite des Stoßes: 1 : 1,06 : 1,41, bei nur zwei Nieten: 1 : 1,65 : 3,18.
3. Der Gleitwiderstand (Scherspannung beim Beginn des Gleitens) war bei zwei Nieten größeren Durchmessers geringer als bei drei Nieten von kleinerem Durchmesser. Der Unterschied tritt bei Handnietung am stärksten und

bei Kniehebelnietung am wenigsten hervor. Die Anordnung von drei Nieten muß hiernach als zweckmäßiger bezeichnet werden als nur zwei Nieten.

4. Die verschiedenartige Behandlung der Zwischenflächen, gebeizt und geölt oder gebeizt, geölt und einmal mit Mennige gestrichen, hat keinen Einfluß auf den Verlauf des Gleitens gehabt.
5. Die Schraubenverbindungen stehen bezüglich des Gleitbeginnes weit hinter den Nietverbindungen zurück.

B. Über die Bruchfestigkeit der Niet- und Schraubenverbindungen (die Zahlen sind in Tab. 3 und als Mittelwerte in Tab. 4 zusammengestellt).

6. Die Bruchbelastung wurde durch die verschiedenen Nietverfahren und durch die verschiedene Behandlung der Zwischenflächen unter sonst gleichen Versuchsbedingungen nicht beeinflußt; die erreichten Scherfestigkeiten sind im Mittel etwas größer bei Anordnung von drei Nieten als bei nur zweien (vgl. Punkt 3); über den Einfluß des Durchmessers der Niete ist keine Gesetzmäßigkeit zu erkennen.
7. Die Festigkeit der Nietverbindung war durch Unterschiede von 35% im Lochleibungsdruck nicht beeinflußt.
8. Die Schraubenverbindungen stehen den Nietverbindungen in der erreichten Bruchfestigkeit nahezu gleich.
9. Die Scherfestigkeit der untersuchten Verbindungen hat sich zu etwa 3000 kg/qcm ergeben; da keine Stoffproben vorliegen, so läßt sich leider nicht sagen, wie weit die Scherfestigkeit des Materials in der Nietverbindung ausgenützt wird.

Anmerkung. Die gestellten Fragen, „ob Zugkräfte mit dem gleichen Nutzen durch Niete kleineren oder größeren Durchmessers übertragen werden können", läßt sich aus den hier vorliegenden Versuchen nicht beantworten. Es liegt das an der Auswahl und den Abmessungen der Versuchsstücke. Nur die der Reihe II entsprechen dem vorliegenden Zwecke; bei allen andern, insbesondere bei der Reihe IV, sind so oft die Flacheisen gerissen, daß die dort gefundenen Zahlen keinen Anhalt bieten über die Festigkeit der Nietverbindung, d. h. über ihre Scherfestigkeit. Diese aber ist es, die man in Betracht ziehen muß, wenn man den Einfluß der Nietzahl und der Nietstärke untersuchen will. Wenn, wie etwa in Reihe I und III, die Flacheisen nahezu ebensooft gerissen sind, wie die Niete abgeschoren wurden, so beweist das zwar, daß die Zahl und die Stärke der

Nieten den zu verbindenden Teilen gut angepaßt ist; ein einwandfreier Maßstab für die Zweckmäßigkeit und Festigkeit der Nietanordnung wird aber nur gewonnen, wenn bei allen Proben wirklich die Scherfestigkeit der Nieten voll ausgenutzt wird. Es erscheint ferner zweckmäßig, die Breite und Stärke der Flacheisen und Laschen der Scherfestigkeit der Nietanordnung so weit anzupassen, daß die Spannung in den verbundenen Teilen beim Bruch für alle Proben die gleiche ist.

3. Über die Festigkeit verschiedener Nietbilder.[1])

Die in den Abb. 11—13 dargestellten Nietanschlüsse mit dreieckiger, rechteckiger und rautenförmiger Form wurden auf ihre Zugfestigkeit untersucht, und zwar in je drei Proben. Jedes Nietbild enthielt 15 Nieten; leider sind zweierlei Durchmesser verwandt worden. Die Flächen zwischen Flacheisen und Laschen waren bei allen Proben gebeizt, geölt und einmal mit Mennige gestrichen; die Nietlöcher waren ohne Versenk gebohrt. Die Scherfläche von 15 Nieten von 23 mm Durchmesser beträgt 124,6 qcm, die von 15 Nieten von 21 mm Durchmesser 104,0 qcm.

Tabelle 5.

Nietbild	Gleitbeginn bei einer			Bruch bei einer			Art des Bruches
	Last kg	Scherspannung in den Nieten kg/qcm	Zugspannung im Flacheisen kg/qcm	Last kg	Scherspannung in den Nieten kg/qcm	Zugspannung im Flacheisen kg/qcm	
Dreieck	65 130	523	570	352 570	2830	3060	1:a; 2,3:b
Rechteck	64 500	620	680	310 870	3000	3280	1, 2, 3:a
Raute	73 760	593	645	365 320	2930	3190	1:b; 2,3:a

a.: Niete abgeschoren.
b: Niete abgeschoren und Bruch einer Lasche.

Es wurde beobachtet: Der Beginn und die Größe des Gleitens, die Zugfestigkeit und die Art und Ursache des Bruches; die Einzelheiten der Versuchsausführung und der Beobachtungen siehe in der genannten Quelle; die Ergebnisse sind in Tab. 5 zusammengestellt; zu ihnen ist folgendes zu bemerken:

Der Bruch erfolgte stets durch Abscheren der Niete; maß-

[1]) Versuche mit Nietverbindungen für den Verein deutscher Brücken- und Eisenbau-Fabriken, ausgeführt im Königlichen Materialprüfungsamt zu Berlin-Lichterfelde. Bericht erstattet von Professor Rudeloff. Verhandlungen des Vereins zur Beförderung des Gewerbefleißes 1911, Beiheft, S. 16—32.

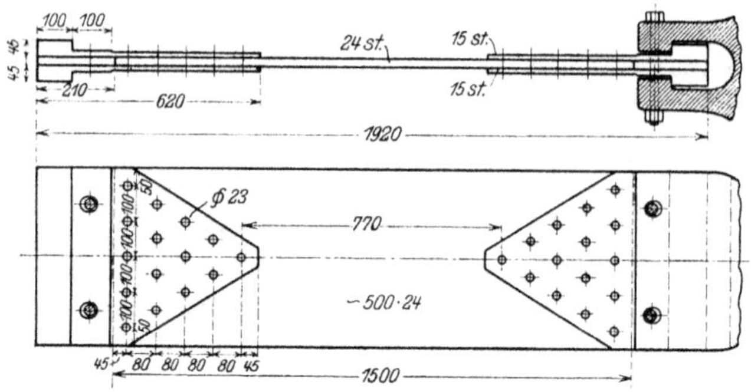

Abb. 11.

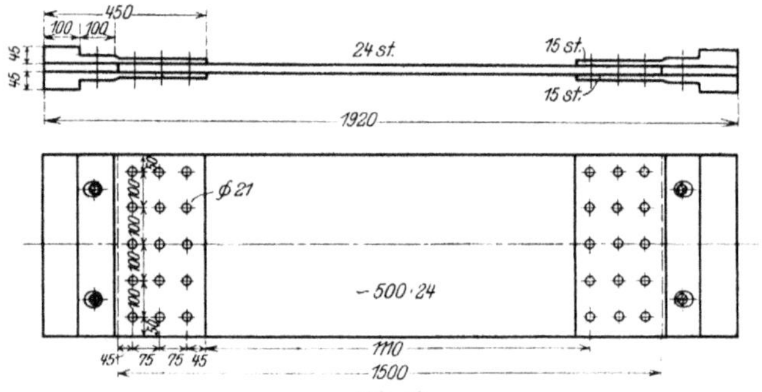

Abb. 12.

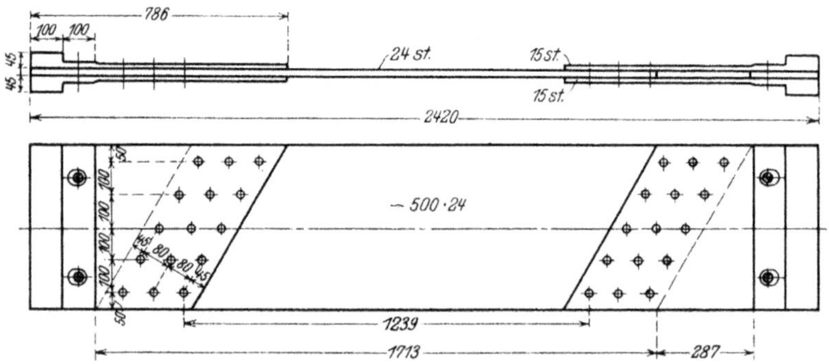

Abb. 13.

Abb. 11—13. Versuchsstäbe mit verschiedenen Nietbildern.

gebend für einen Vergleich sind also die erzielten und errechneten Scherfestigkeiten; insofern waren die Proben alle richtig bemessen, als für die Beurteilung verschiedener Nietanordnungen die Festig-gehabt. Zwar weichen die Einzelwerte für den Beginn des Gleitens ziemlich voneinander ab; doch lassen die aus ihnen

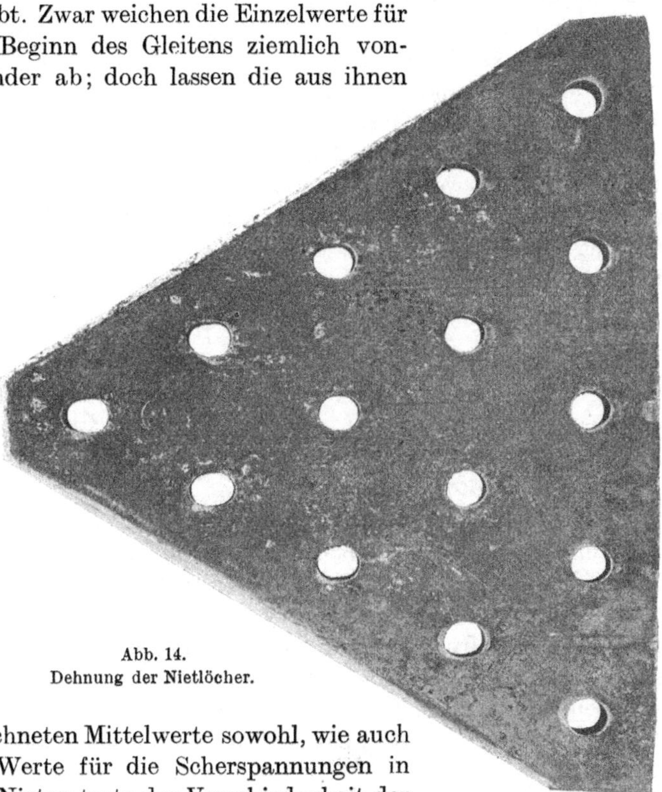

Abb. 14.
Dehnung der Nietlöcher.

errechneten Mittelwerte sowohl, wie auch die Werte für die Scherspannungen in den Nieten trotz der Verschiedenheit der Nietdurchmesser den Schluß zu, daß die rechteckige Form sich am günstigsten verhalten hat, daß nächst dieser die Rautenform und an letzter Stelle die dreieckige Form steht. Es ist dies in-
Nietdurchmesser den Schluß zu, daß die rechteckige Form sich am günstigsten verhalten hat, daß nächst dieser die Rautenform und an letzter Stelle die dreieckige Form steht. Es ist dies in-
sofern wahrscheinlich, als bei der erstgenannten Nietanordnung die Niete am dichtesten stehen und so die beste Zusammenpressung von Flacheisen und Laschen ergeben. In Abb. 14 ist noch die Streckung der Nietlöcher im Flacheisen dargestellt.

4. Über die zweckmäßigste Nietentfernung in Flacheisen und Winkeln.[1])

Die Versuche sollten feststellen, welchen Einfluß die Entfernung der Niete voneinander in der Längsrichtung eines Zugstabes auf die Zugfestigkeit und auf den Verlauf des Bruches hat. Dazu dienten Flachstäbe und Winkeleisen.

a) Flachstäbe. Sie bestanden aus je 2 Universaleisen von 1,2 cm Dicke, die sowohl an den Enden wie auch in der Mitte aufeinandergenietet waren, und zwar durch 4 und 7 Nieten. Die Abmessungen siehe in Abb. 15, die Einzelheiten der Versuchsanordnung und -durchführung siehe in der genannten Quelle.

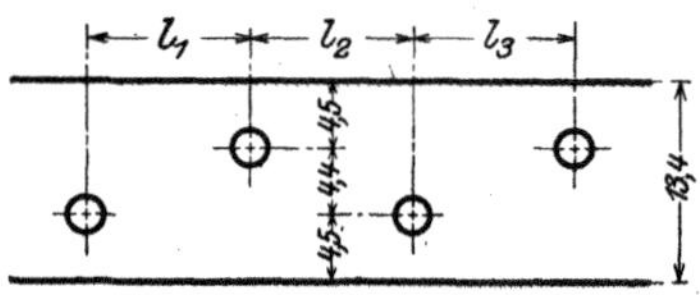

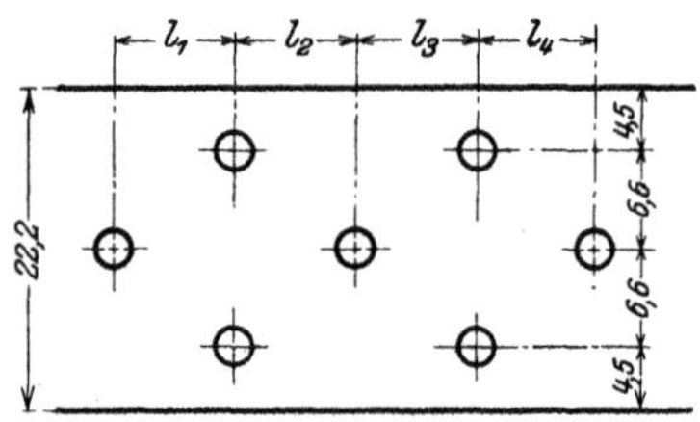

Abb. 15. Versuchsstäbe.

Den Bruchverlauf aller Stäbe zeigen die Darstellungen Abb. 16 und für einen derselben das Lichtbild Abb. 17.

Mit Ausnahme des Stabes 12 lagen die Brüche der beiden Eisen eines Stabes übereinander, für den Stab 12 zeigt die vollausgezogene Linie (Abb. 16) den Bruchverlauf des oberen Bleches, die gestrichelte den des unteren. Die neben den Bruchlinien stehenden Buchstaben *a—d* geben an, in welcher Reihenfolge die einzelnen durch die Nietlöcher begrenzten Strecken der Brüche nacheinander entstanden sind.

Man erkennt aus diesen Darstellungen, daß der Bruch bei den Proben der Form *A* mit 4 Nieten im allgemeinen schräg zur Stabachse durch zwei Nietlöcher geht, sofern der Längsabstand l der Nietmitten 5,0 und 5,5 cm beträgt. Bei $l = 6{,}0$ cm sind die beiden Proben 5 und 7 ebenfalls schräg gerissen; bei Probe 6 geht der Bruch dagegen in Fortsetzung des zuerst

[1]) Versuche mit Nietverbindungen für den Verein deutscher Brücken- und Eisenbau-Fabriken, ausgeführt im Königlichen Materialprüfungsamt zu Berlin-Lichterfelde. Bericht erstattet von Professor Rudeloff. Verhandlungen des Vereins zur Beförderung des Gewerbefleißes 1911, Beiheft, S. 32—47.

entstandenen Randbruches *a* senkrecht zur Stabachse, obgleich zuvor auch der Randbruch *b* noch entstanden war. Die Proben 8 und 9 mit $l = 7{,}0$ und 7,5 cm rissen ebenfalls senkrecht zur Achse. Bei Probe 10 mit $l = 8{,}0$ cm ist der Versuch abgebrochen, nachdem die beiden Randbrüche *a* und *b* entstanden waren;

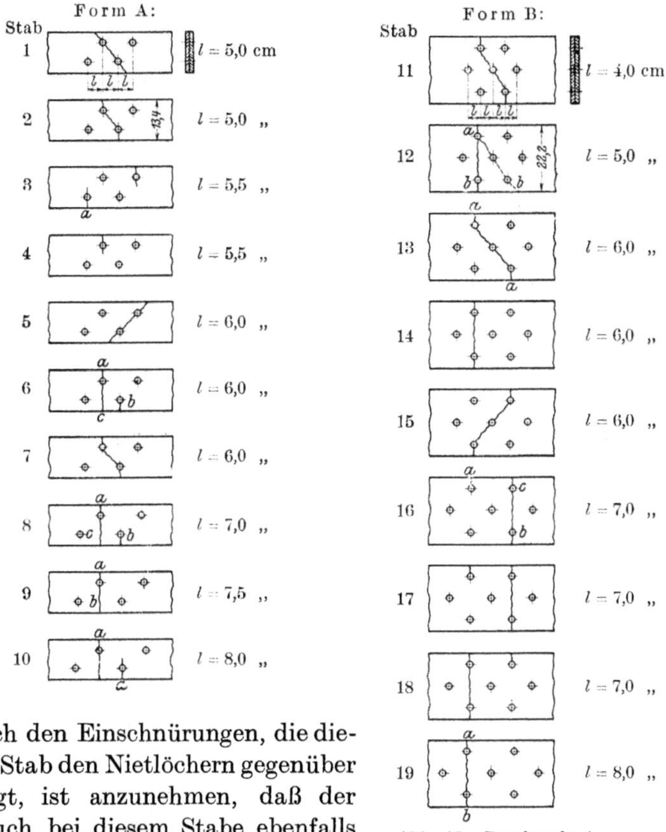

Abb. 16. Bruchverlauf.

nach den Einschnürungen, die dieser Stab den Nietlöchern gegenüber zeigt, ist anzunehmen, daß der Bruch bei diesem Stabe ebenfalls von einem der beiden Randrisse aus senkrecht zur Achse gerissen wäre.

Nach dem geschilderten Verlauf der Brüche scheint es, als ob bei den Stäben mit 4 Nieten der Nietabstand $l = 6{,}0$ cm die Grenze ist, unterhalb deren die Stäbe mit den vorliegenden Breitenabmessungen und Querabständen der Nieten in schräg verlaufendem Bruch, oberhalb der sie in senkrechtem Bruch reißen.

Das gleiche gilt von den Stäben mit 7 Nieten (Form *B*). Auch bei ihnen sind die Stäbe mit $l = 7{,}0$ und $8{,}0$ cm sämtlich senkrecht

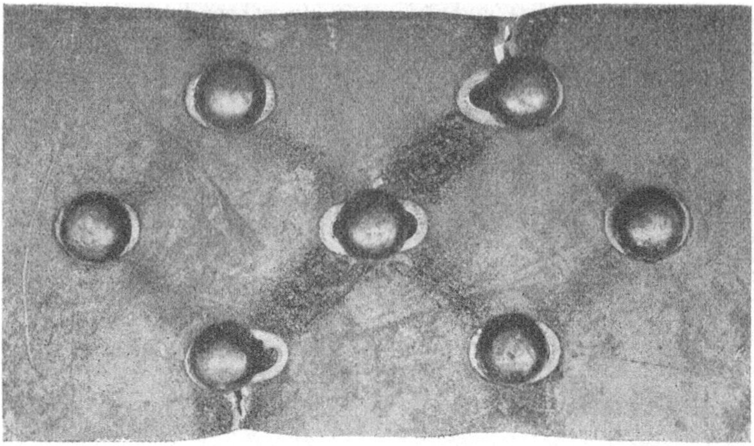

Abb. 17. Fließfiguren bei Stab 15.

zur Achse gerissen, während bei $l = 6{,}0$ cm zwei Stäbe schräg durch drei Nietlöcher und der dritte senkrecht zur Achse durch zwei Nietlöcher rissen.

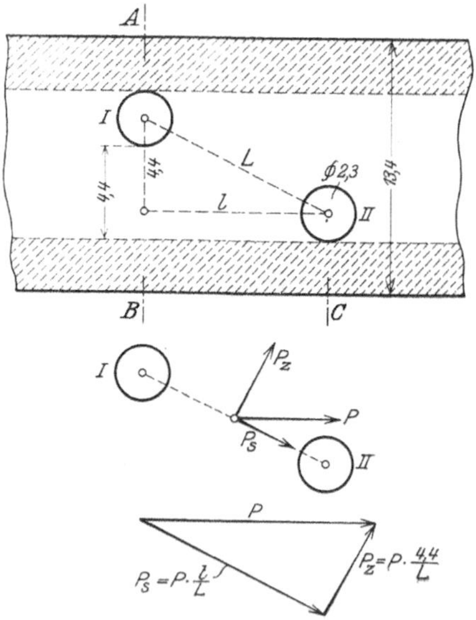

Abb. 18. Spannungsverteilung.

Das vorstehende dem Versuchsbericht entnommene Ergebnis der Versuche läßt sich auch rechnerisch finden und deuten.

Zu diesem Zwecke sollen die Spannungen nachgerechnet werden, die auftreten (vgl. Abb. 18):

1. in der Verbindungsgeraden zwischen den beiden Nieten *I* und *II* (Schnitt *A—I—II—C*),

2. im Schnitt von Niet *I* aus senkrecht nach dem unteren Rande des Flacheisens (Schnitt *A—B*).

Die zwischen den Nieten und dem nächstliegenden Rande des Flacheisens gelegenen Teile des Stabquerschnitts (in Abb. 18 schraffiert) brauchen dabei nicht berücksichtigt zu werden, da sie für beide Schnitte in gleicher Weise in Frage kommen.

1. Im Schnitte A—C zerlegt sich die auf den nichtschraffierten Teil des Stabes entfallende Längszugkraft P in die beiden Teilkräfte P_z und P_s, von denen erstere im Schnitte Zug, letztere Schub erzeugt (Abb. 18). Es ist

$$P_z = P \cdot \frac{4{,}4}{L}, \qquad P_s = P \cdot \frac{l}{L}.$$

Die entsprechenden Spannungen, auf 1 cm Blechstärke berechnet, sind:

$$\sigma = \frac{P_z}{L - 2{,}3} = P \cdot \frac{4{,}4}{L(L - 2{,}3)} = P \cdot \frac{4{,}4}{N},$$

$$\tau = \frac{P_z}{L - 2{,}3} = P \cdot \frac{l}{L(L - 2{,}3)} = P \cdot \frac{l}{N}.$$

Hieraus berechnet sich die Hauptspannung im Schnitte I—II zu

$$\sigma_m = \tfrac{1}{2}\sigma + \tfrac{1}{2}\sqrt{\sigma^2 + 4\tau^2}$$
$$= \frac{1}{2} \cdot \frac{P}{N}\left(4{,}4 + \sqrt{4{,}4^2 + 4l^2}\right).$$

Zahlenmäßige Ermittlung der Werte σ_m für die verschiedenen Werte l von 4 cm bis 8 cm in der folgenden Zahlentafel:

l cm	$4l^2$	$4{,}4^2 + 4l^2$	$\sqrt{4{,}4^2+4l^2}$	$4{,}4 + \sqrt{\ldots}$	L	$L - 2{,}3$	N	$\frac{4{,}4 + \sqrt{\ldots}}{N}$	σ_m
4	64	83,36	9,15	13,55	5,9	3,6	21,2	0,639	$0{,}320 \cdot P$
5	100	119,36	10,9	15,3	6,7	4,4	29,5	0,519	$0{,}260 \cdot P$
6	144	163,36	12,8	17,2	7,4	5,1	37,7	0,456	**$0{,}228 \cdot P$**
7	196	215,36	14,7	19,1	8,3	6,0	49,8	0,384	$0{,}192 \cdot P$
8	256	275,36	16,6	21,0	9,2	6,9	63,4	0,331	$0{,}166 \cdot P$

2. Im Schnitte A—B erzeugt die auf den nichtschraffierten Teil entfallende Längszugkraft P die reine Zugspannung, auf 1 cm Blechstärke berechnet

$$\sigma = \frac{P}{4{,}4} = 0{,}227 \cdot P$$

Es zeigt sich, daß dieser Wert genau mit dem in der obigen Zahlentafel für $l = 6$ cm errechneten übereinstimmt; das heißt: bei einer Nietlängsentfernung von $l = 6$ cm sind die Spannungen im Schnitte $A—I—II—C$ und im Schnitte $A—B$ einander gleich; für $l < 6$ cm sind sie im erstgenannten Schnitte, für $l > 6$ cm im letztgenannten Schnitte größer; das Reißen wird also für $l < 6$ cm im Schnitte $A—I—II—C$, für $l > 6$ cm im Schnitte $A—B$ eintreten.

Der Versuch hat dies in überzeugender Weise bestätigt, so daß die Folgerung zulässig ist, daß man auch für andere Fälle die zweckmäßige Nietentfernung gemäß obigem Rechnungsgange ermitteln oder nachprüfen kann, ohne auf weitere Versuche angewiesen zu sein.

Eine Nachrechnung der Stäbe mit 7 Nieten erübrigt sich, da sie dasselbe durch den Versuch gleichfalls bestätigte Ergebnis, wie vorstehend, liefern würde.

Der Einfluß der Nietanordnung auf die Zugfestigkeit der Stäbe läßt sich aus den Ergebnissen der Versuche nicht ohne weiteres erkennen, da die Unterschiede anscheinend zum großen Teile von der verschiedenen Festigkeit des Materials der Stäbe herrühren. Es hat sich gezeigt, daß bei einer Nietentfernung $l < 6$ cm sowohl die Streckgrenze, wie auch die Bruchfestigkeit der durch die Nietung geschwächten Stäbe geringer sind als die entsprechenden Werte des Materials, und daß sie für $l > 6$ cm größer sind als diese, und zwar um so mehr, je größer l ist. Während der erste Teil dieser Erscheinung durch die obige Zahlentafel ohne weiteres erklärt wird, indem bei $l < 6$ cm sowohl die Streckgrenze wie auch die Bruchfestigkeit der durch die Nietung geschwächten Stäbe infolge der auftretenden Schubfestigkeit herabgesetzt wird, fehlt für die Erhöhung dieser Grenzwerte bei den Stäben mit $l > 6$ cm zunächst jegliche Erklärung.

b) Winkel. Die an Winkeleisen N. P. 9 mit einem Nietloche von 21 mm Durchmesser in jedem Schenkel und in einer Längsentfernung von 4 bis 6,5 cm voneinander angestellten Versuche haben ungefähr dasselbe ergeben, wie die unter a beschriebenen Versuche mit Flacheisen; eine Nachrechnung ist hier allerdings nicht möglich.

II. Versuche über die Knickfestigkeit gegliederter Stäbe (aus zwei U-Eisen).[1]

Die Druckstäbe sind der Strebe des eingestürzten Hamburger Gasbehälters nachgebildet, die nach Ansicht der Sachverständigen wegen ihrer ungenügenden Steifigkeit den Einsturz verursachte[2].

1. Stäbe ohne Futterstücke (Nr. 65—67).

Die Abmessungen der Stäbe siehe in Abb. 19; außer an den Enden waren die beiden U-Eisen nur in den Dritteilen ihrer Länge durch Bindebleche miteinander verbunden; die in Abb. 19 gezeichneten Futterstücke F waren bei diesen Stäben nicht vorhanden.

Die obersten und untersten Niete schlossen beiderseits je ein Winkeleisen an den Stab an, die zum Aufschrauben der 65 mm dicken Druckplatten dienten. Die zwischen den Köpfen der U-Eisen angeordneten Flacheisen wie auch die außen angelegten Flacheisen und Winkel traten etwa 2,5 mm gegen die Endflächen der U-Eisen zurück, sie nahmen also nicht unmittelbar an der Kraftübertragung teil.

Die Versuche sollten mit möglichst reibungsfreier Spitzenlagerung ausgeführt werden. Hierzu dienten an beiden Enden Kugellager. Zwischen der auf die Endfläche des Stabes aufgeschraubten Druckplatte und der zweiten gleichgroßen Platte, die an dem oberen Stabende gegen das feste Widerlager, an dem unteren Ende gegen den Kolben der Festigkeitsprobiermaschine sich stützte, war eine Kugel von 60 mm Durchmesser eingeschaltet, und zwar waren beide Platten zur Aufnahme der Kugel mit einer kalottenförmigen Eindrehung versehen, deren Halbmesser $r = 4/3$ Kugelhalbmesser $= 4$ cm gewählt war.

Die Kalotten waren 10 mm tief in die Druckplatten eingedreht. Die Knicklänge des Stabes berechnet sich demnach aus der Länge der U-Eisen und der restlichen Dicke der beiden Platten zu $3290 + 2(65 - 10) = 3290 + 110 = 3400$ mm.

---

[1]) Untersuchungen von Druckstäben auf Knickfestigkeit für den Verein deutscher Brücken- und Eisenbau-Fabriken, ausgeführt im Königlichen Materialprüfungsamt zu Berlin-Lichterfelde. Bericht erstattet von Prof. Rudeloff. Verhandlungen des Vereins zur Beförderung des Gewerbefleißes 1912, Heft IX, S. 507—524 und 1914, Heft III, S. 147—213.

[2]) Zentralblatt der Bauverwaltung 1911, Heft 30 S. 187, Heft 31 S. 194, Heft 36 S. 222 und Heft 37 S. 231. Deutsche Bauzeitung 1911, Heft 35 S. 296. Der Eisenbau 1911, S. 178, 339, 443, 375.

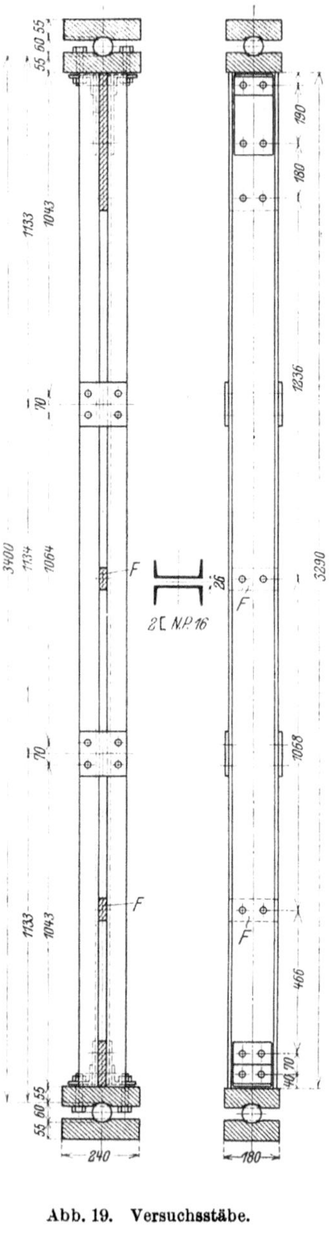

Abb. 19. Versuchsstäbe.

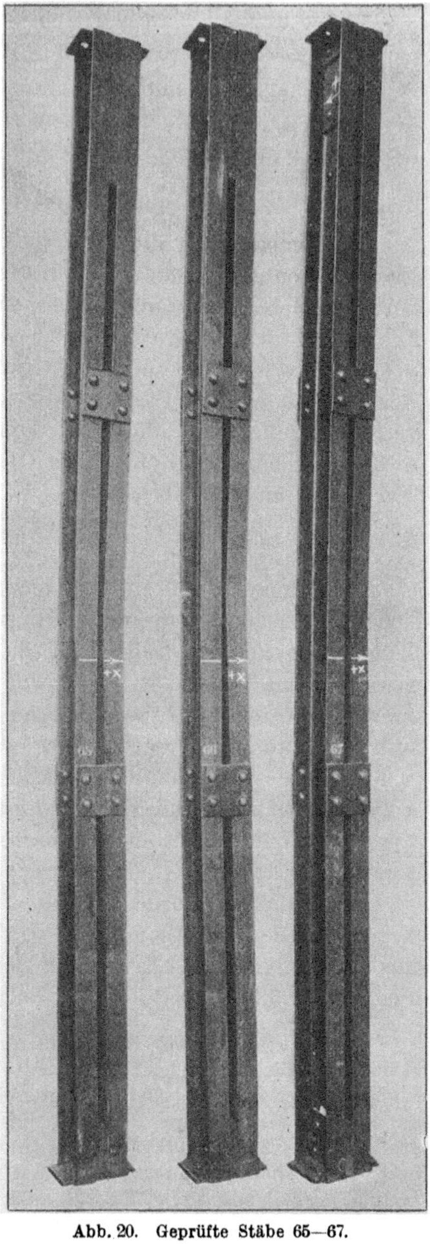

Abb. 20. Geprüfte Stäbe 65—67.

Im übrigen ergeben sich für die Stäbe folgende Verhältnisse:

$$F = 48 \text{ qcm}, \quad J_{\min} = 644 \text{ cm}^4,$$

$$i = \sqrt{\frac{J}{F}} = 3{,}66 \text{ cm}, \quad \frac{l}{i} = \frac{340}{3{,}66} = 92{,}9.$$

Zugversuche mit drei Proben, die aus den verwendeten U-Eisen entnommen und mit den Druckstäben zugleich eingeliefert sind, ergaben im Mittel folgende Werte:

Elastizitätszahl 2 027 000 kg/qcm, Proportionalitätsgrenze 2680 kg/qcm, Streckgrenze 2860 kg/qcm, Bruchgrenze 4090 kg/qcm, Bruchdehnung auf $l = 11{,}3 \sqrt{f} = 26{,}1\,\%$.

Die Versuchsanordnung und Durchführung siehe in der eingangs genannten Quelle; es wurden beobachtet:

Das seitliche Ausbiegen des Stabes,
Die Längenabnahme (Stauchung) in der Stabmitte,
Das Neigen der oberen Druckplatte.

Von den Ergebnissen (vgl. Abb. 20) seien erwähnt:

1. Da die Ausbiegungen nicht für die Stabachse, sondern nur an einem U-Eisen ermittelt sind, so können sie, trotzdem sie stetig mit den Belastungen wuchsen, keine besondere Beachtung beanspruchen. Immerhin scheint ein gewisser Zusammenhang zu bestehen zwischen den Durchbiegungen des Stabes und den prozentualen Abweichungen der Randspannungen von ihrem Mittel. (Die Spannungen sind aus den Stauchungen abgeleitet.) Vgl. auch die Bemerkungen zu den Stäben 73—75 weiter unten!

2. Trotz der großen Unterschiede in den Stauchungen an den vier Ecken des Querschnitts sind die Mittelwerte (Stauchungen im Schwerpunkt) für dieselben Belastungen bei allen 3 Stäben einander gleich.

3. Die erreichten Höchstlasten sind 81 000, 83 500 und 89 400 kg, das Mittel ist 84 630 kg. Die Rechnung ergibt

nach Euler mit $E = 2\,027\,000$ kg/qcm eine Tragfähigkeit von 111 340 kg,

nach Tetmajer von 97 920 kg.

Man erkennt aus Abb. 20 ohne weiteres, daß die Ursache der geringeren Tragfähigkeit in der Anordnung der Bindung gesucht werden muß.

2. Stäbe mit Futterstücken (Nr. 73—75).

In einer weiteren Versuchsreihe sind neue Stäbe untersucht worden, die wie die zuerst geprüften gebildet waren, die man aber gegenüber den alten dadurch verstärkt hatte, daß man in der Stabmitte und im unteren Felde noch Futterstücke F zwischen die beiden U-Eisen einfügte (vgl. Abb. 19). Ein Abschnitt von einem der U-Eisen, der auf Druck untersucht wurde, hat eine Elastizitätszahl $E = 2\,060\,000$ kg/qcm bei einer Spannung $\sigma = 1537$ kg/qcm, $E = 1\,995\,000$ kg/qcm bei einer Spannung $\sigma = 2153$ kg/qcm ergeben; die Zugversuche mit weiteren Materialproben lieferten im Mittel: Elastizitätszahl $E = 2\,015\,000$ kg/qcm, Proportionalitätsgrenze bei 2080 kg/qcm, Streckgrenze bei 2790 kg/qcm, Bruchgrenze bei 4030 kg/qcm, Bruchdehnung 23,5%.

Beobachtet wurde dieses Mal wieder:

1. das Neigen der oberen und unteren Druckplatten,
2. die Längenabnahme (Stauchung) an verschiedenen Stellen des Stabes,
3. das seitliche Ausbiegen des Stabes, dieses Mal aber der Stabachse,
4. die Bruchlast.

Aus den Ergebnissen sind als erwähnenswert hervorzuheben:

1. Die Neigungen der Druckplatten können nicht viel besagen, wenn sie nicht um das Maß verbessert werden, das der Schiefstellung des ganzen Stabes gegenüber seiner ursprünglichen senkrechten Lage entspricht. Jedenfalls sind sie für eine Nachrechnung weniger zuverlässig, geben aber immerhin für den Sinn der Durchbiegung einen Anhalt. Aus ihnen und aus den gemessenen seitlichen Verschiebungen der einzelnen Punkte der Stabachse läßt sich erkennen, daß die Stäbe zunächst sich nicht in ihrer ganzen Länge nach einer Seite hin durchbogen, sondern daß sie meist die Form einer einfachen oder gar mehrfachen Schlangenlinie annahmen, und daß sie erst bei höherer Belastung, oft sogar erst gegen Ende ihrer Tragfähigkeit in die einfache Sinus- oder parabelförmige Bogenlinie übergingen. Dies ist aus den Verschiebungen der einzelnen Punkte in Abb. 21 für die verschiedenen Laststufen des Stabes 74 deutlich zu erkennen.

Daß die Stäbe sich bezüglich der Ausbiegung nach den Richtungen der beiden Hauptträgheitsachsen x und y verschieden verhalten, ist selbstverständlich; wenn z. B. ein Stab sich zuerst mehr nach der y-Richtung, bei höherer Belastung aber mehr nach der x-Richtung hin durchbog, so kann das mit einer in der y-Richtung vorhandenen Anfangsexzentrizität erklärt werden,

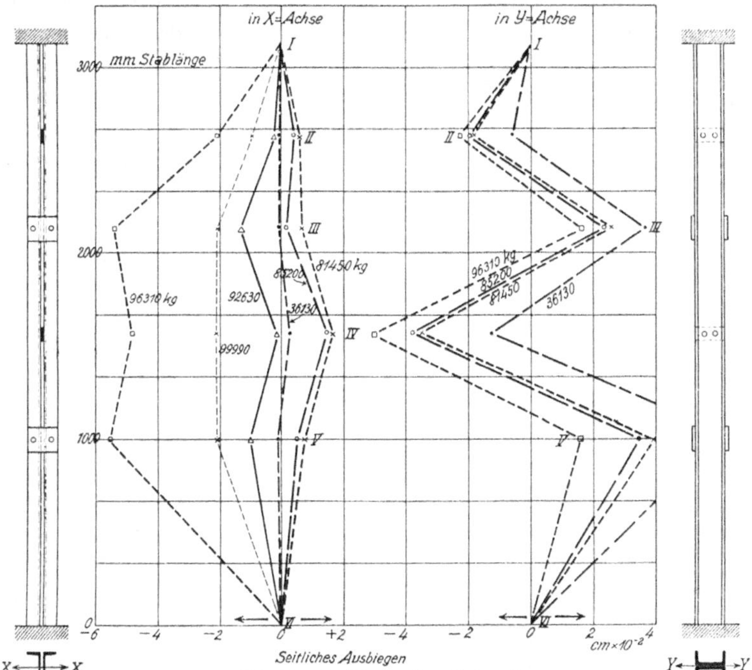

Abb. 21. Ausbiegen des Stabes 74.

die dann durch die entstehende Ausbiegung nach der Richtung des kleineren Biegungswiderstandes übertroffen wurde. Im übrigen stimmt die Richtung der Ausbiegung sowohl für die einzelnen U-Eisen wie für den ganzen Stab durchaus mit der Verschiedenheit der Spannungen an den Kanten der Profile überein.

2. Die Mittelwerte aus den Stauchungen an den verschiedenen Kanten der Profile stimmen für alle Stäbe bei den verschiedenen Laststufen sehr gut überein; die Zusammendrückung infolge der reinen Längskräfte ist also bei allen Stäben dieselbe.

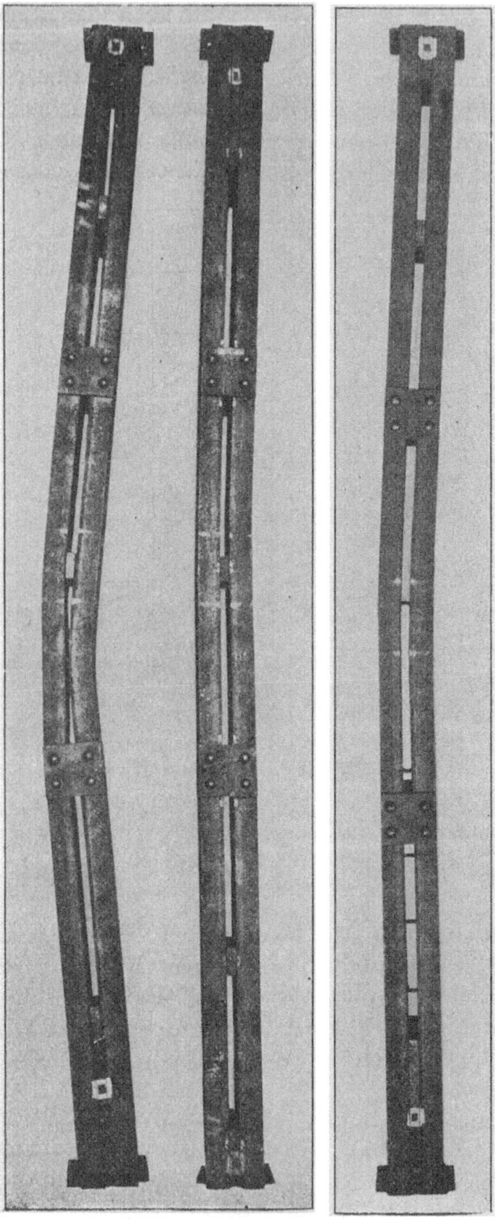

Abb. 22. Geprüfte Stäbe 73—75.

3. Die Unterschiede in den Stauchungen und demgemäß in den Spannungen an den vier Kanten des Querschnittes gegenüber dem Mittelwerte sind bei den einzelnen Stäben sehr verschieden groß; die Höchstlast wurde erreicht, sobald die Streckgrenze des Materials an der auf Druck am meisten beanspruchten Stelle des Stabes erreicht war.

4. Die Spannungen verteilen sich über den Querschnitt des ganzen Stabes nicht nach einer geraden, sondern nach einer zweimal gebrochenen Linie, oder nach einer Schlangenlinie, wenn man eine stetige Verteilung annehmen will; die Abweichungen von der Geraden sind bei den einzelnen Stäben verschieden. Wie weit man aus dieser Erscheinung darauf schließen muß, daß der Stab trotz der Bindungen nicht ganz als einheitlicher Stab wirkt, mag da-

hingestellt bleiben. Für die Bruchlasten sind die Abweichungen von der geradlinigen Spannungsverteilung ziemlich erheblich; geringer sind sie aber für die Last, die etwa $^1/_4$—$^1/_5$ der Bruchlast entspricht und mit der der Stab im Bauwerk belastet wird; man kann also für die Berechnung der Stäbe wohl ohne großen Fehler eine geradlinige Spannungsverteilung annehmen.

5. Einen interessanten Einblick in das Verhalten der Stäbe gibt ein Vergleich der gemessenen Ausbiegungen mit den Werten, die sich als Exzentrizität des Kraftangriffes aus den Unterschieden der Randspannungen errechnen lassen; man kann aus einem solchen Vergleich auf eine etwa vorhandene Anfangsexzentrizität schließen und damit die Unterschiede in der Höhe der Bruchlasten der einzelnen Stäbe zwanglos erklären. Zur Erläuterung sei folgendes bemerkt:

Die gemessenen Ausbiegungen δ sind in der angegebenen Quelle in Tabellen zusammengestellt. Dabei ist zu beachten, daß die Durchbiegungen δ nicht für die wirkliche Stablänge von 3,46 m, sondern nur für 3,13 m Länge ermittelt sind. Nimmt man die Biegelinie als Parabel an und setzt sie an ihren Enden in Richtung ihrer Tangente fort, so ergibt eine einfache Rechnung, daß man den beobachteten Werten rd. 20% zuschlagen muß, um die Durchbiegung für die wirkliche Knicklänge der Stäbe zu bekommen; es ist also mit 1,2 δ zu rechnen. Für die Ermittlung der Exzentrizität e des Kraftangriffes aus den Spannungen ist folgender Gedankengang einzuschlagen, wobei natürlich eine geradlinige Spannungsverteilung angenommen werden muß. Die Spannungen berechnen sich aus der Formel

1. $$\sigma = \frac{P}{F} \pm \frac{P \cdot e}{W} = \frac{P}{F} \pm \frac{P \cdot e}{F \cdot k},$$

wenn k die Kernweite des Querschnittes bezeichnet. Die Dehnungen sind:

2. $$\alpha = \frac{P}{F \cdot E} \pm \frac{P \cdot e}{F \cdot k \cdot E} = \alpha_1 \pm \alpha_2 .$$

Die Dehnungen α setzen sich aus zwei Teilen zusammen: aus α_1, das die Zusammendrückung infolge der reinen Längskraft P bedeutet, und aus α_2, das die Verkürzung oder Verlängerung infolge des von der Längskraft P ausgeübten Biegungsmomentes darstellt. Beide Werte sind in den Zahlentafeln der angegebenen Quelle zu finden. α_1 ist der Mittelwert der Stauchungen an den vier Ecken des Querschnittes, α_2 der Unterschied der Randstauchungen gegenüber diesem Mittel. Da, wie die folgende Formel 3 zeigt, nur das Verhältnis der beiden in Frage kommt, so kann man für α_1 und α_2 einfach die Summe und Differenz der Randspannungen setzen. Aus Gleichung 2 läßt sich die Exzentrizität e des Kraftangriffes aus der Kernweite k des Querschnittes bei gegebenem α_1 und α_2 berechnen:

$$3. \qquad e = \frac{\alpha_2}{\alpha_1} \cdot k\,.$$

Hierin berechnet sich k zu $W:F = 1{,}722$ cm. In der folgenden Tabelle sind für verschiedene Stäbe und verschiedene Laststufen die Werte e ausgerechnet, sowie die um 20% vergrößerten Werte δ.

1	2	3	4	5	6	7	8	9
Stab Nr.	Laststufe kg	α_1	α_2	Berechnet $e=\frac{\alpha_2}{\alpha_1}\cdot k$ cm	Gemessen $1{,}2\,\delta$ cm	Unterschied $e-1{,}2\,\delta$ cm	Bruchlast kg	Bemerkungen
65	35 750	980,0	91,0	0,160	0,083	0,077	81 000	
66	35 750	974,5	18,5	0,033	0,024	0,009	89 400	
67	35 750	984,0	52,0	0,091	0,065	0,026	83 500	α_1 u. α_2 aus Tab. 3 S. 12,
65	66 000	2493,0	839,0	0,580	0,392	0,188	81 000	δ aus Tab. 2 S. 9
66	66 000	2520,0	120,0	0,082	0,074	0,008	89 400	
67	66 000	2512,0	532,0	0,365	0,296	0,069	83 500	
73	50 890	994,6	173,2	0,300	0,115	0,185	88 140	α_1 u. α_2 aus Tab. 11
73	77 135	1521,0	474,2	0,536	0,340	0,196	88 140	S. 34,
73	84 650	1631,8	706,0	0,745	0,564	0,181	88 140	δ aus Tab. 8 S. 24
75	80 890	1581,6	41,8	0,046	0,059	0,013	102 314	α_1 u. α_2 aus Tab. 6 S. 18,
75	95 750	1870,0	168,2	0,155	0,166	0,011	102 314	δ aus Tab. 4 S. 10

(Bemerkungen für alle Zeilen: der genannten Quelle.)

Es lassen sich daran folgende Betrachtungen knüpfen:

Für die Stäbe 65—67, die keine Futterstücke besaßen: Die aus den Spannungen berechneten Werte e für die Exzentrizität des Kraftangriffes sind größer als die gemessenen Durchbiegungen δ der Stäbe; man kann den Unterschied zwischen beiden sehr wohl als eine von Anfang an vorhandene Exzentrizität auffassen; die Zulässigkeit dieser Annahme wird dadurch bestätigt, daß der Stab mit der größten Anfangsexzentrizität die kleinste Bruchlast, der mit der kleinsten Anfangsexzentrizität die größte Bruchlast hat. Daß der Unterschied $e - 1{,}2\,\delta$ sich mit wachsender Last vergrößerte, dürfte damit zu erklären sein, daß die beiden U-Eisen der Stäbe 65—67, die in der Mitte durch kein Futterstück verbunden sind, sich beim Ausbiegen des Stabes einander nähern, ihr Widerstandsmoment und somit auch ihre Kernweite k kleiner wird, während die Rechnung den theoretischen Wert beibehält und somit ein zu großes e errechnet.

Für die Stäbe 73—75 mit Futterstücken: Stab 75 weist einen kaum nennenswerten Unterschied $e - 1{,}2\,\delta$ auf; die Bruchlast ist groß. Dagegen berechnet sich für Stab 73 ein recht erheblicher Wert $e - 1{,}2\,\delta$, der bei allen Laststufen gleichbleibt und damit seine Bedeutung als Anfangsexzentrizität am besten rechtfertigt und die Zulässigkeit des angestellten Rechnungsganges erweist. Daß bei diesem Stab die Bruchlast außerordentlich gering ist, 88 140 kg gegen 102 314 kg bei Stab 75, dürfte als weiterer Beweis dafür anzusehen sein, daß der errechnete Wert $e - 1{,}2\,\delta$ als Anfangsexzentrizität richtig gedeutet wird.

6. Die erzielten Höchstbelastungen, unter denen die Stäbe unaufhaltsam durchbogen, also ausknickten, betrugen:

beim Stabe 75: 102 314 kg,
„ „ 74: 102 790 kg und
„ „ 73: 88 140 kg.

Sie stimmen für die Stäbe 75 und 74 vollkommen überein, während die Höchstlast des Stabes 73 weit hinter derjenigen der beiden anderen Stäbe zurückbleibt.

Eine durchaus sichere Erklärung für das abweichende Verhalten des Stabes 73 kann nicht gegeben werden, es ist nach obigem sehr wahrscheinlich, daß der geringe Widerstand des Stabes 73 in exzentrischer Beanspruchung begründet ist. Vom Königlichen Materialprüfungsamt wird erwähnt, daß er wahrscheinlich von vornherein krumm war. Es erscheint daher zulässig und sogar erforderlich, die Knicklast des Stabes 73 von der Mittelbildung auszuschließen, um den zuverlässigsten Wert für die Knickfestigkeit der verstärkten Stäbe zu erhalten. Letztere ergibt sich dann zu

$$P_{II} = (102\,310 + 102\,790)\,\tfrac{1}{2} = 102\,550 \text{ kg}.$$

Nach Versuchsreihe I hatte sich die Knickfestigkeit P_I der Stäbe 65—67, die den Streben des eingestürzten Gasbehälters nachgebildet und dementsprechend ohne Futterstücke F waren, zu $P_I = (81\,000 + 89\,400 + 83\,500)\,\frac{1}{3} = 84\,630$ kg ergeben.

Hiernach ist die Festigkeit der Stäbe durch das Einfügen der Futterstücke F (Abb. 19) zwischen die beiden U-Eisen um 21% gesteigert worden. Die erreichte Knicklast steht in der Mitte zwischen den nach Tetmajer und nach Euler berechneten Werten und bestätigt diese somit ausgezeichnet. Es darf der Schluß gezogen werden, daß Stäbe, die wie die untersuchten gebaut sind, als einheitliche Stäbe nach der Formel von Tetmajer berechnet werden können. Ob eine noch engere Bindung eine Steigerung der Tragfähigkeit bringen wird, darf zweifelhaft erscheinen.

III. Versuche über Flacheisenverlaschung bei mittelbarer Stoßdeckung.[1])

Die Probestäbe behandeln:

1. den einseitigen einfachen Flacheisenstoß, s. Abb. 23;

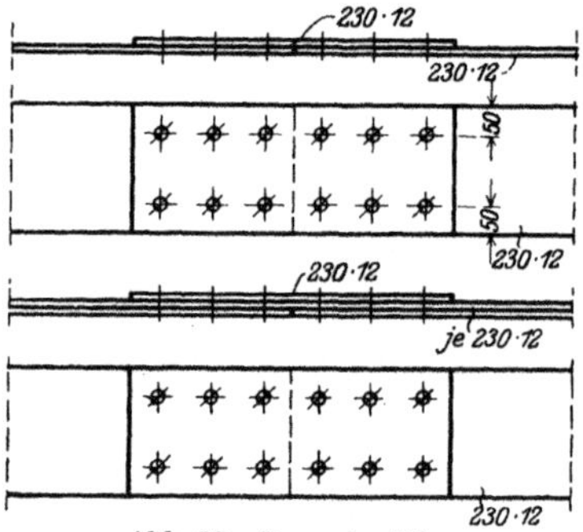

Abb. 23. Versuchsstäbe.

2. den einseitigen mittelbaren Stoß, bei dem das gestoßene Flacheisen von der Decklasche durch eine durchgehende Platte getrennt ist, s. Abb. 23.

Zu 1. Die beiden untersuchten Stäbe waren einander gleich, Abb. 23; sie bestanden aus Flacheisen 230 × 12, die von einer gleichstarken Lasche einseitig gedeckt wurden. Die 6 Anschlußniete hatten 23 mm Durchmesser.

Die Untersuchung ergab, daß schon bei geringer Belastung Gleiten zwischen Stab und Lasche auftrat, und diesem Gleiten ist wahrscheinlich die frühzeitig auftretende bleibende Formänderung der Verbindung zuzuschreiben. Während der Versuchsausführung wurde der Einfluß der Biegung, die durch den einseitigen Anschluß bedingt wird, durch Gleiten des Stabes auf Walzen nach Möglichkeit auszuschalten versucht.

Es hat sich aber erwiesen, daß der Stab trotz der Lagerung ausbog und diese Biegung die Festigkeit des Stabes nicht unwesentlich

[1]) Noch nicht veröffentlicht.

beeinflußte. Wenn man die bei der Untersuchung des Stabes gewonnenen Festigkeitswerte außer Betracht läßt, so kann man aus den frühzeitigen Formänderungen des Stabes schon den Schluß ziehen, daß einseitige Verlaschungen ohne durchlaufende Unterstützung des verlaschten Flacheisens unzulässig sind.

Zu 2. Die beiden anderen Probestäbe unterschieden sich von den vorgenannten dadurch, daß gestoßener Stab und Lasche durch eine durchlaufende Platte getrennt waren (Abb. 23).

Der Anschluß der Lasche erfolgte bei dem einen Stab durch 6 Niete, bei dem zweiten Stab durch 8 Niete von 23 mm Durchmesser.

a) Verbindung durch 6 Niete: Solange in keinem der drei vernieteten Teile die Proportionalitätsgrenze überschritten war, war innerhalb der Vernietung (auf die Länge von 20 cm zwischen den 3 Nieten) die durchgehende Platte bei weitem am stärksten beansprucht, während die Lasche den geringsten Anteil der Gesamtbelastung aufnahm.

Die erste Bewegung der vernieteten Teile erfolgte bei den der Stoßfuge benachbarten Nieten.

Die größte Dehnung erfuhr die durchgehende Platte.

Die Bruchbelastung trat ein bei 143,87 t. Hierbei wurden zunächst die 4 inneren Niete abgeschert und dann riß die durchgehende Platte in der 2. Nietreihe von der Stoßfuge aus gerechnet.

Aus diesen Ergebnissen geht hervor, daß die Spannungsverteilung bei einem Flacheisenstoß keineswegs gleichmäßig erfolgt. Weiter läßt die unverletzte Lasche erkennen, daß sie an der Tragfähigkeit des Stabes in ungenügendem Maße beteiligt war.

b) Verbindung durch 8 Niete: Ähnliche Erscheinungen traten bei der Untersuchung des gleichartig ausgebildeten 2. Probestabes auf, bei dem 8 Anschlußniete statt 6 vorhanden waren. Auch hier erfuhr die durchgehende Platte stärkere Beanspruchung als die Lasche, doch war in diesem Falle die Lastverteilung weit günstiger als bei dem Stab mit 6 Anschlußnieten.

Die günstigere Wirkung der 8 Anschlußniete auf die Widerstandsfähigkeit des Stabes machte sich auch durch geringere Gesamtverschiebung der Einzelteile des Stabes bemerkbar. Die Bruchbelastung erreichte bei dem 2. Stab einen um ungefähr 10% höheren Wert als bei Stab 1; sie betrug 158 t. Auch hier riß die durchgehende Platte, nachdem vorher die dem Stoß zunächst gelegenen Niete abgeschert waren.

E. Bestrebungen des Vereins auf Vereinfachungen im Material und in der Form der Niete, auf Beschränkung der Zahl der Nietdurchmesser und auf einheitliche Bezeichnung der Niete.

Sowohl die angestellten und oben beschriebenen Versuche, wie auch die Erfahrungen der Praxis ließen erkennen, daß in der Anwendung der Niete eine ganze Reihe von Vereinfachungen möglich sind, die das Entwerfen und die Ausführung von Vernietungen wesentlich erleichtern, ohne daß dadurch die Güte der Vernietung auch nur irgendwie beeinträchtigt würde. Der Verein hat bei den zuständigen Stellen entsprechende Anträge gestellt und damit auch, dank dem Entgegenkommen der Behörden, in der größten Zahl der Fälle vollen Erfolg erzielt.

Im einzelnen sei folgendes erwähnt:

1. **Flußeisen für Niete.** Da einige Behörden noch immer die Verwendung von Schweißeisen für die Niete vorschrieben, so wurde an sie in den vergangenen Jahren vom Verein aus der Antrag gestellt, diese Vorschrift fallen zu lassen. Zur Begründung war darauf hingewiesen, daß die Beschaffung von Schweißeisennieten mit großen Schwierigkeiten verknüpft ist, und daß diese im Bauwerk keinerlei Vorzüge vor Flußeisennieten haben. Dem Antrage ist allenthalben stattgegeben worden, so daß heute überall flußeiserne Niete verwandt werden dürfen.

2. **Einheitliche Kopfform der Niete.** Für die Festsetzung einer einheitlichen Kopfform ist eine Kommission gebildet worden, die die aus dem Kreise der Mitglieder zur Verfügung gestellten Unterlagen gesichtet hat; endgültige Vorschläge sind noch nicht gemacht worden; ihre Ausarbeitung wird auch durch die Frage der Weglassung des kleinen Versenkes beeinflußt.

3. **Das kleine Versenk.** Das sogenannte kleine Versenk, d. h. der kegelförmige Übergang vom Kopf zum Schaft der Niete (vergl.

Abb. 7), wurde und wird auch jetzt noch von verschiedenen Behörden vorgeschrieben. Die Anwendung dieses kleinen Versenkes hat von jeher den Werkstätten Schwierigkeiten gemacht und nicht selten zu Beanstandungen bei der Abnahme der fertigen Eisenbauten geführt. Von den Schwierigkeiten bei der Ausführung seien angeführt:

Um eine möglichst genaue Übereinstimmung zwischen dem Versenk am Lochrand und dem kegelförmigen Nietansatze zu bekommen, müssen die Nietlöcher vor Herstellung des Lochversenkes in der Zulage durchgebohrt oder nach dem Zusammenlegen der Eisenteile auf das richtige Maß aufgerieben sein. Das Versenk muß mit einem Fräskopf hergestellt werden, der im Nietloch geführt ist und dessen Weg begrenzt ist, so daß alle Versenke die gleiche Tiefe bekommen.

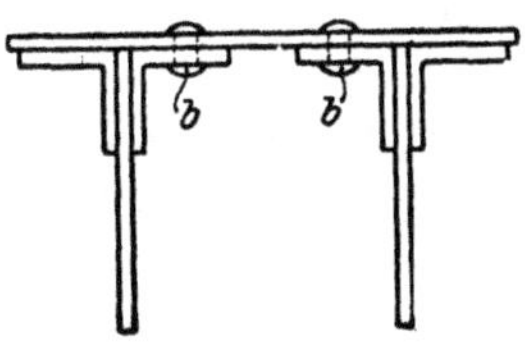

Abb. 24.

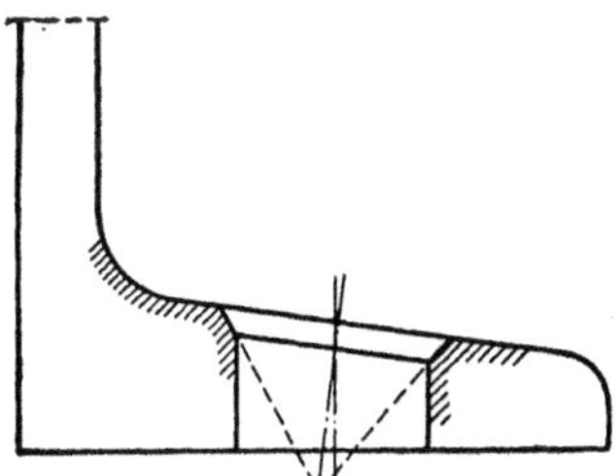

Abb. 25.

Das ist eine umständliche Arbeit, deren Genauigkeit trotz der allersorgfältigsten Aufsicht sehr häufig zu wünschen übrigläßt. Besonders schwierig ist die Ausführung derjenigen Versenke, die erst auf der Baustelle angebracht werden können, namentlich an Stellen, die für das Auge kaum noch erreichbar sind, wie bei *b b*, Abb. 24, im Innern von kastenförmigen Stäben, und dann auch bei schrägen Formeisenflanschen, Abb. 25, weil hier die Achse des Versenkes senkrecht zur geneigten Flanschfläche steht, also nicht mit der Lochachse zusammenfällt. Ganz verfehlt ist es, das Versenk vor dem Aufreiben der Nietlöcher anzubringen, weil es durch das Aufreiben mehr oder weniger einseitig wird. Dieser Fehler ist später kaum mehr in befriedigender Weise zu beseitigen.

Selbst wenn aber alle Nietlochränder genau nach Vorschrift versenkt würden, wäre damit noch keine Gewähr dafür vorhanden, daß Versenk und Kegelansatz des Nietes genau übereinstimmen, weil die Niete einen Handelsartikel bilden, bei dem man einen nicht zu kleinen Spielraum für die Genauigkeit der Ausführung geben muß.

Es ist angesichts aller dieser Schwierigkeiten so gut wie sicher, daß Versenk und kegelförmiger Ansatz nur in Ausnahmefällen übereinstimmen. Ist nun das Versenk größer als der Ansatz des Nietes, dann mag der Fehler noch erträglich sein. Viel schlimmer ist es aber, wenn das Versenk im Loch nicht groß genug oder einseitig ist, oder wenn der Kegelansatz am Niet etwas zu groß ausgefallen ist. Dann wird der Nietkopf überhaupt nicht oder nur einseitig anliegen, und das betreffende Niet ist so gut wie wertlos, weil es seine Aufgabe, die Eisenteile zusammenzupressen, nicht erfüllen kann.

Mit Rücksicht auf diese Schwierigkeiten und im Hinblick darauf, daß die oben unter D, I, beschriebenen Versuche gezeigt haben, daß ein merkbarer Unterschied in der Haltbarkeit der Niete mit Versenk und derjenigen ohne Versenk nicht besteht, wurde vom Verein angeregt, das kleine Versenk künftig wegzulassen. Die Nietlöcher sollen abgegratet werden und die Niete unter dem Kopf nur die kleine Abrundung nach dem Schaft hin erhalten, wie sie sich bei der normalen Fabrikation von selbst ergibt. Einem dahingehenden Vorschlage haben zugestimmt und entsprechende Verordnungen erlassen:

Das Ministerium der öffentlichen Arbeiten }
das Ministerium für Handel und Gewerbe } in Preußen,
das Reichsmarineamt,
das Reichskolonialamt,
die Kaiserliche Generaldirektion der Eisenbahnen in Elsaß-Lothringen,
die großherzogliche Generaldirektion der Oldenburgischen Eisenbahnen,
die Baudirektionen der Freien und Hansastädte Hamburg, Lübeck und Bremen.

4. **Einheitliche Nietstärken und Nietbezeichnungen für den deutschen Eisenbau.** Der bisherige Brauch, die Nietdicken von Millimeter zu Millimeter oder sogar noch feiner abzustufen, brachte Schwierigkeiten für den Bezug von Nieten mit sich; unverhältnismäßig große Nietlager mußten gehalten werden, und auch der Werkzeugaufwand in den Konstruktionswerkstätten und auf den Baustellen war groß und kostspielig. Um diesen

Mißständen zu begegnen, haben sich die Mitglieder des Vereines deutscher Brücken- und Eisenbau-Fabriken dahin geeinigt, in Zukunft in der Regel nur Niete von 12, 16, 20, 23 und 26 mm Durchmesser zu verwenden.

Diese Maße geben den Durchmesser der zum Einziehen der Niete fertigen Löcher an. Für die Wahl dieser Abmessungen war in erster Linie der Umstand maßgebend, daß sie nach den Antworten einer bei den einzelnen Werken gehaltenen Umfrage fast durchweg im Gebrauch waren, so daß also die gebräuchlichen Werkzeuge weiter verwendet werden konnten. Als Ausgangspunkt für Kraftniete wurde der bisher am meisten gebrauchte Nietdurchmesser von 20 mm angenommen. Unter 20 mm Durchmesser waren bisher das 12 und das 16 mm dicke Niet am meisten gebräuchlich, deren Beibehaltung vom Vereine beschlossen worden ist. Als größter Nietdurchmesser galt bisher allgemein der von 26 mm, weshalb er auch als obere Grenze weiter beibehalten werden soll. Um zwischen 20 und 26 mm eine Zwischenstufe zu erhalten, wurde das 23 mm dicke Niet gewählt. Selbstverständlich soll mit dem 26er Niet die oberste Grenze nicht erreicht sein, für besonders große Eisenstärken werden Niete von 28 und 30 mm Durchmesser nicht zu entbehren sein; das sind jedoch Ausnahmen. Auch für die kleineren Nietdurchmesser werden in besondern Fällen, bei Verstärkungsarbeiten u. dgl., Ausnahmen von der aufgestellten Regel unvermeidlich bleiben. Die aufgestellten Normalien dürften aber für alle Neukonstruktionen ohne Einschränkung anwendbar sein.

Für die Unterscheidung der Niete in den Zeichnungen wurden folgende Zeichen gewählt:

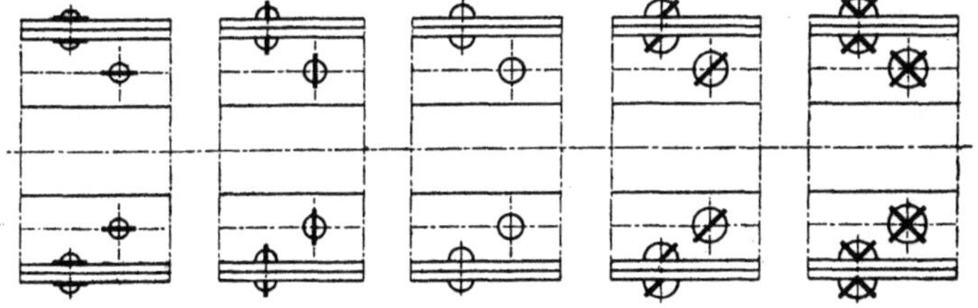

Abb. 26. Nietbezeichnung.

Maßgebend für die Richtung der Erkennungsstriche ist stets die Stabachse.

Ausgearbeitet wurden diese Bestimmungen von einem Ausschuß, der aus den Herren Direktor Böllinger der Brückenbauanstalt Gustavsburg, Direktor Nebel der Union Essen und Oberingenieur Rademacher der Gesellschaft Harkort, Duisburg, bestand.

Es war sehr erfreulich, feststellen zu können, daß die meisten Behörden der gerechtfertigten Bitte um Vereinfachung der Nietnormalien entsprochen haben.

Ohne jedwede Einschränkung wurden die Vorschläge des Vereines von folgenden Behörden angenommen:

1. Ministerium der öffentlichen Arbeiten in Berlin,
2. Ministerium für Handel und Gewerbe in Berlin,
3. Reichs-Marineamt, soweit die Lieferung von Brücken- und Eisenhochbaukonstruktionen in Frage kommt,
4. Großherzogliche Generaldirektion der Mecklenburgischen Friedrich-Franz-Eisenbahn in Schwerin,
5. Großherzogliche Eisenbahndirektion in Oldenburg,
6. Baudeputation der Freien und Hansastadt Hamburg,
7. desgl. Bremen,
8. desgl. Lübeck.

Versuchsweise wurden die Vorschläge ferner bei der Königlichen Generaldirektion der Württembergischen Staatsbahnen, Stuttgart, und der Großherzoglichen Generaldirektion der Badischen Staatseisenbahnen angenommen; die Annahme der Vorschläge haben sich noch vorbehalten:

das Baukonstruktionsamt der Königlich Bayerischen Staatseisenbahnen und

die Königliche Generaldirektion der Sächsischen Staatseisenbahnen.

Nach der Statistik des Vereines entfällt von der gesamten Jahresherstellung von Eisenbauten etwa die Hälfte auf Lieferungen an Behörden. Da von den Behörden der Preußische Staat die umfangreichsten Aufträge vergibt, so werden in Zukunft bei dem weitaus größten Teile der Eisenbauwerke die neuen Nietnormalien verwendet werden.

GPSR Compliance

The European Union's (EU) General Product Safety Regulation (GPSR) is a set of rules that requires consumer products to be safe and our obligations to ensure this.

If you have any concerns about our products, you can contact us on ProductSafety@springernature.com

In case Publisher is established outside the EU, the EU authorized representative is:

Springer Nature Customer Service Center GmbH
Europaplatz 3
69115 Heidelberg, Germany

Batch number: 10682427

Printed by Printforce, the Netherlands